驚《きょう》愕《がく》！
竹島水族館
ドタバタ復活記

竹島水族館館長
小林 龍二

風媒社

驚愕！竹島水族館ドタバタ復活記◎目次

第二章　改革始動

第三章　「何もない」は「実はある」

第四章　その場に浸かるとマヒをする

第五章　発想の転換で失敗を活かす

第六章　人とのつながり

第七章　輝くための七つのヒント

はじめに

竹島水族館としては三作目、風媒社発行の本としては、前作『竹島水族館の本』に続く二冊目になります。前作は、我が竹島水族館の概要や珍しい深海生物の写真を掲載した図鑑風のガイドブックでした。

今回は経営やビジネス手法に光を当て、そこから放射される元気や勇気の出る話をまとめた内容です。しかし、七転八倒の中からふつふつとわいてきたアイデアや多くの人との出会いから生まれた様々なヒントは、できれば人には教えたくない内容です。心が狭いのですボク。それでも、今日までの歩みを総括する意味において決心して執筆を引き受けました。

そして今、いきなり本を書くことの難しさを痛感しています。

本にとって、いわゆる書き出しは重要です。どうやって書き出そうか、すでにザセツしそうです。

夏目漱石著『吾輩は猫である』の冒頭は「吾輩は猫である。名前はまだ無い」。川端康成著『雪国』は「国境の長いトンネルを抜けると雪国であった。夜の底が白くなった」で始まります。学校の試験にでるほど有名な冒頭です。読む人にその後の展開を期待させます。

ボクの場合、漱石風に書くと「吾輩は半魚人である」となります。極めて気持ちが悪い。康成風に書くと「国境の長いトンネルを抜けると又トンネルであった。夜の底が再び黒くなった」となり全く文学的ではありません。

ボクが入社したころの竹島水族館は康成風の状況でした。永久にくぐり抜けられない漆黒の闇が続いていました。くぐっている間にトンネル自体が老朽化し崩壊する恐れがあるレベルでした。

本書は、「奇跡の復活」とか、「チームワークの結晶」とかいうよくある涙の感動物語ではなく、根性と腕力をベースに強引かつ無理やり行ってきた手法です。それもお金をかけずに！横文字で書けば「ＩＢ方式」、要は「行き当たりばったり」で復活させた一部始終です。

奇跡が起きたら苦労はしません。チームワークが良ければ復活させるほどに業績は落ち込みません。全くダメだからこそできることがいっぱいあるのです。

書店で本書を立ち読みしている方、元あった場所に戻さずレジに直行して下さい。読んでも腰痛や猫背が治るわけでもなく、身長が伸びるわけでも夕食のおかずに一役かうわけでもありません。それでもきっとさわやかな読後感に包まれるはずです。たとえ読まなくても、自分のそばに本書を置いておくだけでいいのです。弱小水族館のド根性復活物語です。

二〇二〇年一月十七日　本書を書き上げ早くメダカの世話がしたい

折れた花には誰もが目を背ける
折れそうでもふんばっていれば
いろんな人や運命が手を差し伸べてくれる

中村 元
水族館プロデューサー

序章

二〇一九年三月三十一日、年度入館者数は過去最高を記録し四十七万人に達しました。

しかし、ボクが就職した二〇〇三年頃の入館者数は十五万人前後を推移し、平日は貸切状態なんて時もありました。貧相な外観に規模の小さな地方の水族館。予算もなく、負の相乗効果でスタッフのやる気もこれといってなし。だけどみな生き物が好きでそれを職業に給与をもらっていたので、お客さんが来ても来なくてもあまり関係なし。好きな魚の面倒をみて給与をもらう。当時は、半公務員的組織だったので、毎月の給与は入館者に関係なく変化はありません。また、入館者数が少なくても、市の建物だから閉館することもないだろうと、そんな考えが職員の間に蔓延していました。

なんとかしようよ、もっとお客さんに楽しんでもらえる水族館にしようよ！と提案しても重い腰はなかなかあがらず、しまいには、「下っ端のクセにナマイキな奴だ。そんなことよりまず魚の名前を覚えろ！」としだいに嫌われるようになり村八分状態になっていきました。

そのような時に、現在の副館長・戸舘真人が近隣の水族館から移籍入社してきました。二〇一〇年四月のことです。同じ年齢でそれぞれの職場ではお互い不満の塊だった二人はすぐにタッグを組み、先輩たちになにかと食らいつきました。ボクが強引に突破口を開け、先輩たちと緊迫した関係に入ると、その後すぐに戸舘が穏やかにかつ理論的に対応するというスタイルで、これまでの古い体制を壊していくことになったのです。

竹島水族館の歴史が動き始めました。

写真写りのいい旧外観、現在と比較しても大きな変更はない

第一章　暗黒の水族館

竹島水族館

ボクの勤める竹島水族館は愛知県のほぼ真ん中、蒲郡《がまごおり》市にある小さな水族館です。開館は昭和三十一年（一九五六年）と全国的にも古く歴史はあるのですが、人気の最先端水族館にくらべるとその差は歴然としており、昭和の趣が二割、安っぽさとうさんくささが八割といったたたずまいをしています。そのため、興味を持って来てみたものの、その外観を見て入るのをためらう人や、駐車場に車を停めてみたものの怖くなって帰る人がいるという話を聞きます。

ドヨヨ〜ンとした重いオーラを建物全体からまんべんなく放散し、その場所だけ、昔から時が止まっているかのような雰囲気の施設です。この古いままの形を維持し、世界遺産を狙うのもありなのではないかと最近は思っています。

岩手県にあった田舎ののどかな大学（東日本大震災により現在は神奈川県相模原市に移転）をかろうじて卒業したボクは、平成十五年（二〇〇三年）からこの水族館に勤務しています。水族館の飼育係というのは多くの場合そうですが、生き物や魚が何よりも好きでたまらないという人たちです。物心ついた時から生き物が身近におり、そのような環境をほぼ途切らせることなく歩んできた人々で、人間よりも魚が好き（食べるのではなく愛でるのが）という人種です。

半魚人なのです。キモチワルイかもしれません。少なくとも高確率で異性からはモテません。ボク自身も異性のそういったしぐさや熱いサインよりも、魚のしぐさや行動に集中してしまい、青春時代に遭遇すべき異性との貴重かつ楽しい出会いをことごとく逃してきました。それは今でも同じで悔しい限りです。生き物の知識と引き換えに異性へのアプローチを失った男なのです。

祖父が漁師だったことから、近くの川や海で魚採りに夢中になる子ども時代でした。小学校四年生からお小遣いをためては熱帯魚やサンゴを飼って「あの人のうちは玄関にサンゴ礁がある」と近所で有名になったり、また、当時は熱帯魚ブームということもあり、繁殖した高級魚をお店に売って小遣い稼ぎをしたりしました。

しだいに、「魚と関わる仕事がしたい」「魚を飼って給料がもらえないだろうか、そうなったら人生シアワセだろうなあ」と思うようになり、いつしか水族館で働くことが目標となりました。

しかし、ボクたちのころは就職氷河期。水族館業界は誰かが退職して欠員が出ない限り募集がない、もしくは欠員が出たとしても補充の募集を出さないといった厳しい状況が続いていました。都会の有名な水族館では、一名の飼育員募集に対して数百人の応募は普通でした。

大学では水族館への就職を目指して必死に勉強しましたが、もともとそれほどできのいい人間ではなく、頑張ってもしょせん知れているレベルだったので、志望する人気の水族館には就職できませんでした。

そんな時に、たまたまボクの地元である竹島水族館に欠員募集が出たのです。

「う〜ん、竹島水族館か。う〜ん、江の島水族館じゃないよな。横浜の八景島でもないよね。同じ島のつく水族館でもずいぶんランクが違うなあ。でもまぁ家から通えるし、小さな頃から馴染みがある水族館だからとりあえずいいか」という軽い気持ちで竹島水族館の試験を受けて採用されました。本当は鳥羽水族館に入りたかったのですが。

竹島水族館は保育園の時から遠足などで何度も行っており、小中学生になってからも自転車で二十分ほどの場所なのでよく通った水族館です。しかし小さくてボロボロ、館内は暗くジメジメしている、お客さんはいつもまばらという状態。あまりいいイメージのある水族館ではありませんでした。

貸切状態の水族館

平成十五年（二〇〇三年）の春、あまり乗り気ではなかったものの、それでも水族館で働くという夢は叶いました。

支給された職員服に袖を通すと身のひきしまる思いでした。

「おぉ、オレはついに水族館の飼育係になったんだ」と顔がニヤケてしまったのを覚えています。小さくてボロボロながらも、目に映るそこはやっぱり憧れの水族館でした。水槽裏は湿度が高く、働く環境としては最悪ですが、それでも、天井のそこかしこに配水管が走り、水の流れる音やブクブクという泡の音が絶えずしており、望んでいた職場環境でした。

二つ年上の先輩の後について、配属先の海水魚の世話を一から教えていただくのですが、楽しさがつい顔に出てしまい、

「なにニヤニヤしとるの？　教えた話をしっかり聞いとるか？」

とよく注意されました。

最初の二か月ほどは、夢だった水族館で働くことができて毎日が楽しく、「好きな魚に囲まれ、給料までもらえる！」こんな感じでした。

しかしある日、水槽裏の仕事スペースから館内のお客さんスペースに出た時のことでした。あたりを見渡してもお客さんの誰ひとりいない、静まり返った空間が広がっているだけでした。

「まぁここは竹島水族館だしな。大阪の海遊館じゃないし。うんうん。まぁこんなもんだよな」と自分の中で疑問を封印し、魚に囲まれた幸せな職場環境を満喫していました。

それでも、あまりにも少ないお客さんに「コリャ、オカシイノデハナイノカ？？」という気持ちが強くなり、頭の中がハテナだらけになりました。働き出して三か

館内に誰もいなくなる時間帯が頻発する

月ほど経った時でした。
　仕事をして給料をもらいます。そしてその給料は一般的にお客さんからいただいたお金、水族館でいうと入館料に該当します。しかし水族館は生き物を展示しています。ということは、生かして維持する飼育経費がかかるはずです。エサ代、電気代、水道代などです。現状の、毎日貸切状態のお客さんの数でこれらが維持できているのだろうか。生き物の管理維持費と職員の給料をまかなえているのだろうか。わからないなりにも「絶対できていない、まかなえていない」という確信があり

ました。同時に、何か特別な秘策があるのだろうとも思ったりしました。気になるのでそういう疑問を先輩たちに聞くと、

「キミはまず魚の名前をもっと覚えることだね！」

と強く言われて先輩は素早くその場から立ち去ります。明確な回答を得られませんでした。何度も聞くと「うるせぇなぁ」と真剣に怒られました。

結局、市から大量の税金が投入され、なんとか運営が維持されているという仕組みを後になって理解しました。

アシカショーは強制観覧

このころボクは海水魚を担当していました。展示補充や展示の模様替えで、インドネシアに棲むハナダイという群れで泳ぐ赤くてキレイな魚が欲しくて、先輩に、

「三十匹買ってほしい」

とお願いしました。「五十匹は財政状況的に無理だろうな」と自分なりに気を

利かせての三十匹でした。先輩は、

「お、お、おう！」

と動揺しながらその場から消え、しばらくして申し訳なさそうに、

「コバヤシ君、三十匹でなくて二十匹にならないか？」との要請。

仕方がないので、

「では二十匹でお願いします」

と返事をして業者への発注許可を取りました。ところがしばらくすると、

「やっぱりあの魚、十匹にしてくれない？というか、あんな魚を飼ってもよくないから今回はやめたらどうだろうかね」との再度の要請。

十匹では「群れ」にはなりません。それは「群がり」とか「ちょっとした軽い集まり」とか「寄り合い」という感じです。結局イメージした展示にはなりませんでした。同じような思いは他の魚を担当する若い先輩たちも抱えていました。飼いたい魚が飼えない、飼えたとしても立派な設備がないのですぐ死んでしまう。金がない、欲しい設備がない、上手く飼えない、やりたいこともできない。当時

の竹島水族館は、この「ないない問題」を慢性的に抱えていました。仕方がないと事態をすんなり受け止め、あきらめる先輩もいれば、我慢ならず苛立ちや怒りを展示裏の壁に向かってぶつける先輩もいました。ボクもどうにかしたくて、壁に怒りをぶつけようとしたら、その壁には数か所すでに先輩が殴って開いた穴がありました。

働き始めて二年と少し経った頃からアシカショーの担当をさせてもらいました。観客は少ないなりにもそれなりの数は入っていましたが、ある日、アシカショーの時間になっても客席に誰もいないという事態が発生しました。困り果て、アシカを一度部屋へ帰らせてからお客さんを探しに館内へ移動しました。そして、たまたま館内にいた一人のお客さんに頼みこんで無理やりショーを見てもらいました。お客さん一人に対して、こちらはアシカとボクの二人(一人と一頭)、そのお客さんは、自分が途中で帰ってしまうと誰もいなくなってしまうので帰るに帰れない。ボクのほうも絶対に帰らせるものかと必死の目つきでショーを行いました。

　このようなことが一日や二日ではなく頻繁に続くようになりました。見るほうもショーをやるほうもつらく悲しい、みじめな時代でした。

廃館の危機

　お客さんの数は着実に減っていきました。平成二十二年（二〇一〇年）には過去最低の十二万五千人まで落ち込んでしまいました。

　蒲郡市民でも「あの水族館ってまだやってたの」「ダメ島水族館」「お化け屋敷みたいね」などと言われたり、「二階の部屋では、シーラカンスとウーパールーパーの秘密の実験が行われている」という意味不明なデマが流れたりもしました。

　市役所もついに廃館の検討に乗り出しました。

「蒲郡に水族館はなくてもいいのではないか」「水族館は本当に必要なのか」「税金の無駄遣いだ」という話が末端職員のボクの耳にも聞こえてくるようになりました。もはやのんきにアシカショーをやって、好きな魚を眺めている場合ではありません。いや、冷静に考えると、ずっと前からそんな場合ではなかったのです。

倉庫に行って竹島水族館の歴史を調べたり、地域の年配の方に話を聞いたりすると、かつては蒲郡市が観光地としてとても活気があり、開館当初はけっこう人気の水族館だったことがわかりました。ただし、かなりいい加減なところもあり、アシカショーは当時「ショー」ではなく「曲芸」と言い、開催時間があいまいで、若い女性客が来ると突然始まるような状態でした。そのため、準備不足で凍ったままのエ

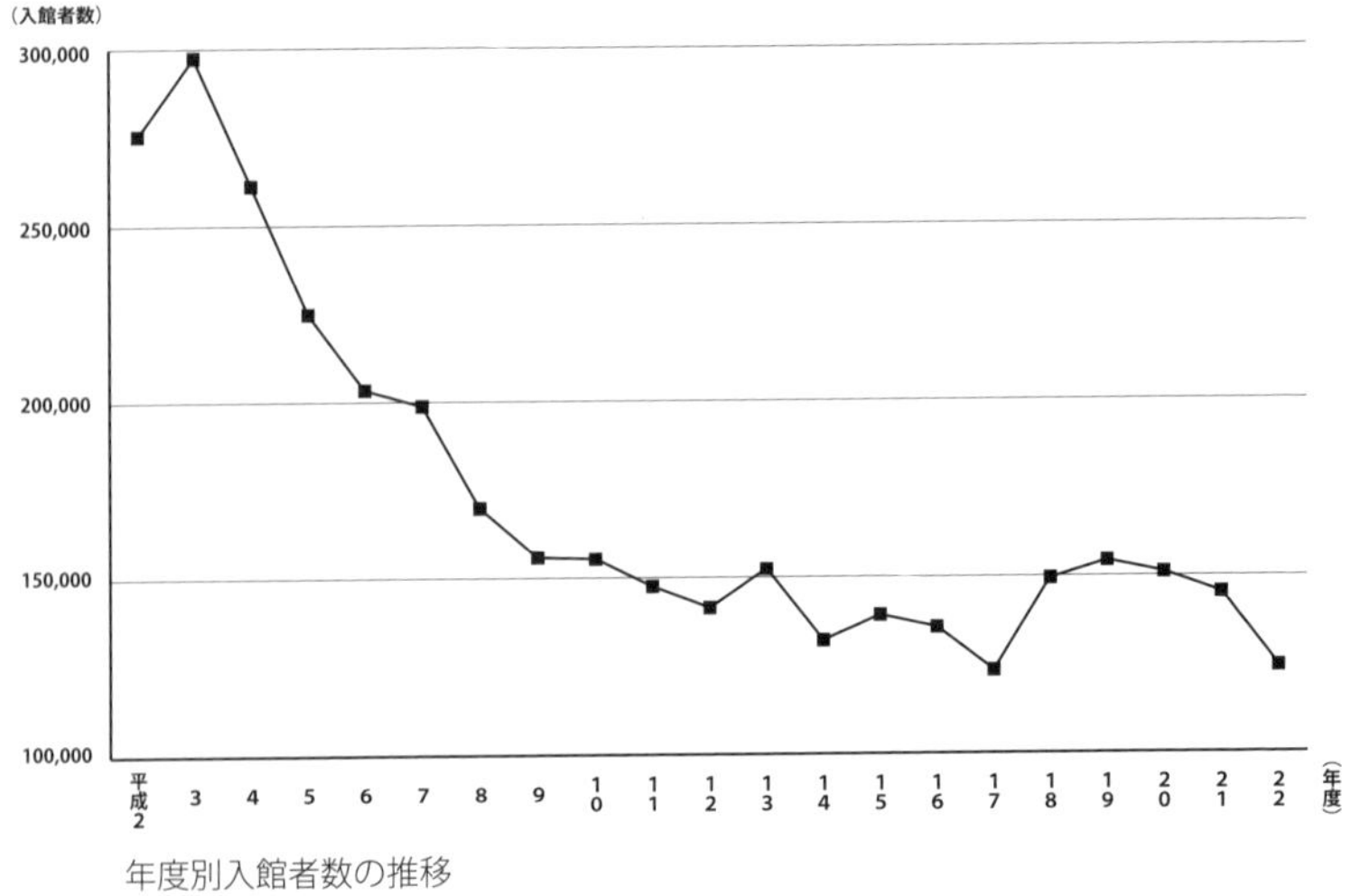

年度別入館者数の推移

サをあげてアシカがよく下痢をしていたそうです。エサに使うイカを自分たちで食べるために焼いて、その臭いが館内に充満したりと驚くような伝説が数多く残っています。また、冬になると仕事中にストーブでお汁粉をつくり、量が少なくなると砂糖と水を継ぎ足し、秘伝の味を守るようなことをやっていたとか。それでもかなりの数のお客さんが来ていたようです。

しかし、大型水族館ブームが到来し、周りに大きな水族館がどんどん建設され、同時に遊園地やボーリング場、ショッピング街など娯楽施設がたくさん生まれました。秘伝のお汁粉を飲んでいるうちにどんどんお客さんの数は減り、ついに再起不能のどん底まで落ちていきました。

そのような時にボクは何かの縁で入社したのです。

「いろいろな活動をしてもっとお客さんを集めよう!」「もっとすごい魚を展示して多くの人に来てもらい楽しんでもらおう!」と思ったのですが、もうここにそんな余力はありませんでした。それでもなお「無理に何かして失敗したらかえって良くない」「市の施設だからそう簡単に潰れることはないだろう」という浅はかな期待を胸に職員たちは毎日働いていました。民間の施設ならとっくに潰れています。

「いろいろやらないとダメじゃないですか？」「やらないなら勝手にやりますよ？」と言うボクを、「下っ端のくせにうるさいナマイキな奴だ」と先輩たちはしだいに嫌うようになり、ちょっとした村八分状態になっていました。

こうなると、夢が叶った幸せな職業なのに、朝、布団から出たくない、起きても行きたくない、でも欠勤したら怒られるだろう。他の水族館へ転職しようにも就職氷河期で求人はない。地元の、それも自分の生まれ育った町の水族館を投げ出して他の水族館へ逃げるのはいかがなものか……。そんな思いを抱きながら、毎日しかたなく出勤する日々が続きました。

少ないお客さんは入館して五分で出て行き、帰り際に「つまらなかったね」とこちらに聞こえるようにボソリと呟いたり、五百円の入館料を「高い！」と言って怒るのです。

夢も希望もない。金もない。努力もそれほどない。オラこんな水族館いやだ。いっそ派手に潰れてしまい、高級分譲マンションや高齢者介護施設などを作ったほうが、市民への償いになるのではないかと思ったくらいです。

この間に先輩たちも「飼うより獲ったほうがいいぜ！」ということで漁師に転職したり、暗黒の日々の中でうずまくトラブルに嫌気がさして退職をしてしまう人が出てきました。上がいなくなったので必然的にボクは現場を取り仕切る立場になっていきました。

水族館を引き継ぐ

「よーし、オレの時代が来た！　いままでやれなかったことをやったるで！」と燃えたのですが、そんな時、いよいよ市が運営を民間に委託する指定管理者制度というものを採用することが決定しました。それまでは市の外郭団体が運営しており、ボクは外郭団体の職員として半分公務員のような立場で採用されていました。しかし、指定管理者制度になると、民間の有力企業が経営に参入してきて水族館を運営する可能性が出てきます。じゃあ今まで働いていたボクたちはどうなるのか。クビか？　飼育員はもうできなくなるのか？　それは嫌だ！

ボクたちは自分で会社を設立しました。

「せーの」で蹴れば倒れそうな地方の小さな水族館に新規参入してくる企業はありませんでした。ボロボロ、弱小ということに逆に救われました。

運よく自分たちで設立した会社が運営を引き継ぐことになりました。しかし相変わらずお金はないし、古くて小さくてボロボロの水族館、これといって状況を打破する戦略はありませんでした。

水槽も老朽化して、水が漏れて吹き出すことがよくありました。こういった状況下で見ると、なぜか水が楽しそうに「わーいわーい」と言って楽しげに噴き出しているように見えます。「チクショウ！」と叫んで、割れ目にぞうきんを押し込んで応急処置をします。海水なので、ぞうきんにしみ込んだ海水がやがて乾いて塩の結晶ができます。やさしくぞうきんを取るとあら不思議、生成された塩の結晶が栓の役割を果たして水漏れが止まるのです。しかし湿気が多くなる梅雨時には、固まっていた結晶が溶けてふたたび水が噴き出す事態になります。お客さんへの安全も危惧されたので、市から少ない予算ですが改修工事費が出ました。

「相方」現れる

時は現在。

館長になっても未だにやっているアシカショーや業務の合間に、バシバシこの原稿を書いていると、

「えー、やっと書き出したの？　えー。いいじゃん、いいじゃん」

ボクの前で「えー」を連発しながら嬉しそうに副館長が言ってきます。そしてこの章で彼のことを書かないと話は進まないのです。

現副館長の戸舘真人《とだてまさと》はボクと同い年で、当時は、竹島水族館から車で一時間半くらいのところにある、同じような小さな地方水族館に勤めていました。

彼とは共通の知人を介して出会いました。

はじめその知人は「コバヤシ君にいい子がいるから紹介したい。美人な子だよ。近くの水族館に勤めているから気も合うと思うの」と言って、ボクへ素敵な女性

を紹介してくれたのでした。が、その女性は、同じ水族館に勤める戸舘と周りに隠れて付き合っていることが後日判明。紹介してくれた知人はそのことを知らなかったのでした。目的が台無しになってしまったボクは、彼女に接近するのはやめて彼氏のほうの戸舘と交流を持つようになりました。そしてその彼女はのちに彼の奥さんになったのです。チクショウ！

戸舘が勤める水族館も、ボクが勤める竹島水族館と同じような「ないない問題」を抱える厳しい状況でした。唯一の違いは、新しくてキレイで清潔感に満ちているというところです。

状況も年齢も同じだったこともあり、お互い急速に接近しました。とにかく彼

満を持して入社　副館長の戸舘真人

とは気が合いました。「目の上のたんこぶ的立場の上司がいるから、何かやりたくてもできない」「しかし夢がある、こんな水族館にしたい、でもできないから正直仕事を辞めたい」といった内容のメールを夜な夜な交わすようになりました。「ウチのひどいところ、ちょっと聞いてよ、ヒドイでしょ」「いやいや、お宅はまだマシですよ、ウチなんかサ……」といった悪いところを列挙する自慢大会が夜遅くまで続く日々でした。

ちょうどそのころ、竹島水族館で職員の退職による求人が出たので、

「ウチの水族館を受けないか、一緒にやってみない？」

と誘ってみました。

「うん！　いく！　いく！　今いく！　すぐいく！」

と戸舘はすぐに乗ってきました。それほど彼の勤める水族館に不満や思うところがあったのでしょう。しかし、それはウチとて同じなのにと、気の毒な気がしました。それでも、

「一緒にやろう！」

と彼は言ってくれました。

「それじゃあ、履歴書出して入社試験受けてね」

「はぁ？ すぐ勤められるんじゃないの？」

「試験を受けてください。健闘を祈ります」

「マジか」

彼は有名大学の大学院を出ており優等生だったので、何人もの志願者の中からすんなり採用試験を通過し竹島水族館に入ってきました。

平成二十二年（二〇一〇年）四月、桜のきれいな春でした。

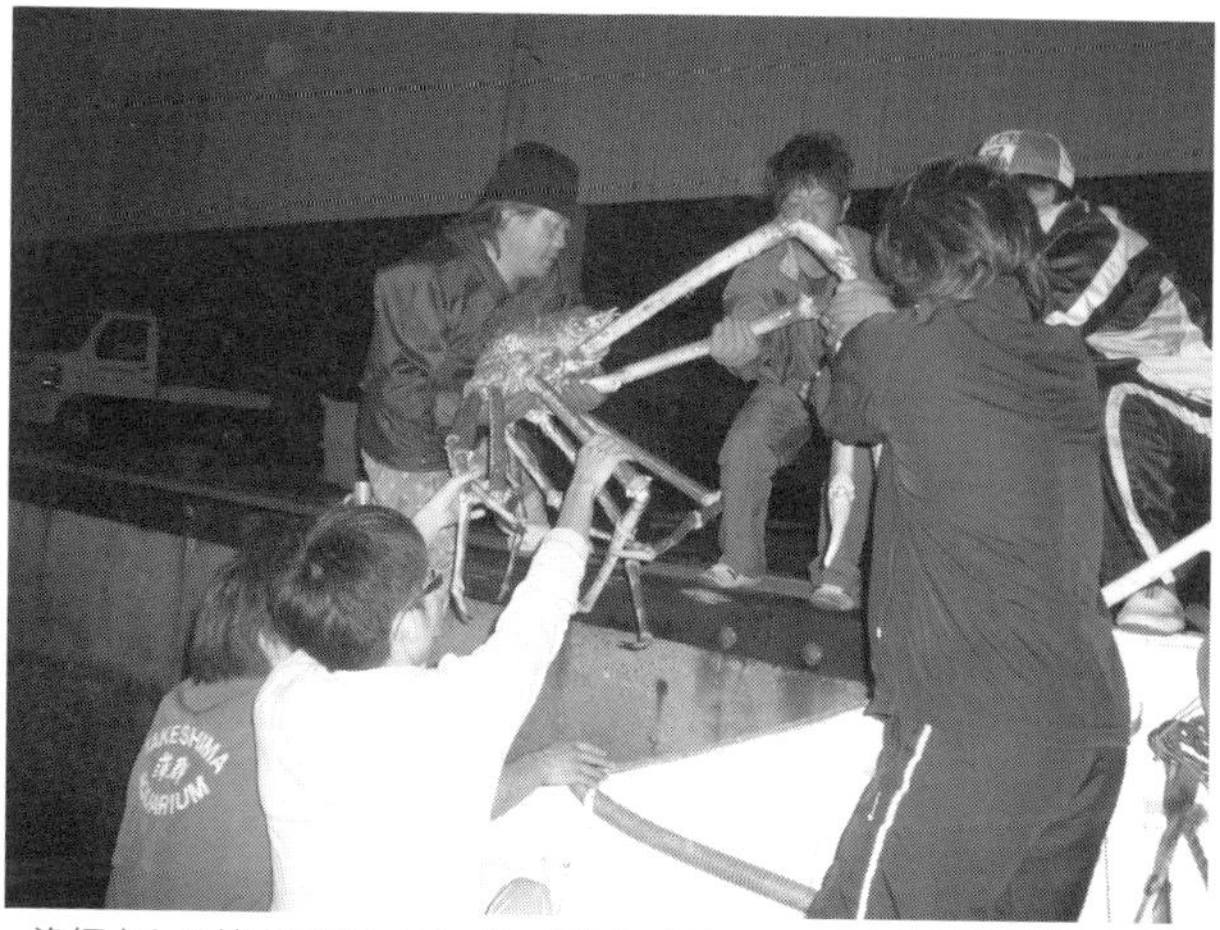

漁師さんの協力でタカアシガニを搬入する

第二章　改革始動

ダメなところを直そう！

戸舘が来てくれたものの、当時の竹島水族館が何がどう変わるものでもありませんでした。しかし、今まで「どうにかしたい」とひたむきに一人で思っていたのと、「どうにかしたい」と強く思う人がもう一人増えたのでは大きく違います。心強い仲間です。

この頃からボクは調子に乗って、さらに上司に反抗的な態度をとるようになっていました。そして「キミは悪くない、むしろいい！」といって戸舘も便乗して二人でむやみやたらと勢いづきました。戸舘は入社したばかりなのに、前の職場の経験を活かしてさっそく活動をはじめました。運営費の見直しです。メガネの奥からスルドク目をつけ、彼は彼で独自に反抗精神を打ち出し様々な経費のコストカットに乗り出しました。

その当時、魚を大事に飼うためのエサ代にかなりのお金を費やしていました。戸舘は、「この水族館の規模や魚の数で、こんなにエサ代がかかるのはおかしい！」と、腕組みをしながら各水槽を見て周りました。そして出した結論は、「もっと少なくしても大丈夫だ！　むしろ今はエサのあげすぎで魚がメタボになっている！　自然の海で泳いでる魚の形と違うじゃないか！　オレのこのスリムな体を見習え！」とか言ってエサの量と質を見直しました。彼は健康診断でいつも「アナタ痩せすぎです」と判定を食らうような人なのです。実際に、エサをあげすぎて魚が食べきれずに残してしまうことが多くありました。結果、水を汚してしまい、かえって魚が弱ったりしました。またエサを使いきれずに処分するなんていうこともありました。

ボクは当時、現場を取り仕切る主任の立場でした。そこで、年下の飼育係たち全員を集め、

「この水族館の悪いところをピックアップして、その悪いところを直そう、悪いところがなくなれば良くなってお客さんは増えるはずだ！」

と言い放ちました。すると飼育係たちからどんどん悪いところが上がってきました。

・水族館自体が古い。
・小さい。
・ビンボウ。
以上のことから、ショボイ。
・人気の生き物がいない。
・日本全国に大きな人気の水族館がいっぱいあり、ウチの水族館は惨敗している
以上のことから、やる気が出ない。

およそ想定していたことではありましたが、いざ列挙するとそのダメさに、気分が悪くなり、軽い吐き気と目まいを起こしました。自分がお客さんであっても、この水族館にはすすんで行く気になれない、そんな思いでした。

しかし、これを直して良くしなければ未来はありません。明るい暮らしは保障されません。お客さんは来てくれません。やるしかないのです。悪いところを直

すには、その反対のことをしたらいいだけのことです。

服が汚れている↓洗濯してきれいにする。頭が悪い↓勉強して頭を良くする。簡単なことです。みんなから出てきた竹島水族館の悪いところをこの例にならってみると、
①水族館が古い↓新しくする。
②小さい↓大きくする。
③ビンボウ↓金持ちになる。
④ショボイ↓立派にする。
⑤人気の生き物がいない↓ラッコやイルカを展示する。
⑥大きな水族館がまわりにいっぱい↓ウチも大きくする。
⑦やる気が出ない↓①から⑥の改善により、やる気満々。
ということになります。ただし言うのは簡単、実際には、
①新しくする↓お金がない。
②大きくする↓お金がない。

③金持ちになる→お金がないのです。
④立派にする→いや、だからそのお金がないのです。
⑤ラッコとかの人気生物を展示する→話を聞いていましたか、お金がないのです！
⑥水族館を大きくする→お金がないのです！　怒りますよ。
⑦うん、やる気が出るわけないよね。オレが悪かったよ。
ボクは目の前の大きな難題を前にし、へらへらと意味不明な笑いを浮かべて虚空を見つめるしかありませんでした。

どうすりゃいいのだ。

水槽改修の費用

そのころの大きな仕事として、漏水した回遊水槽の改修修理がありました。そうきんと塩の結晶による奇跡のコラボレーションにより水漏れを止めていた水槽です。当初は同じように魚がぐるぐる回る回遊水槽として新しく作り直そうと思っていました。

　ある日、通路から回遊水槽を眺めながら、「どうすっぺかなあ」などとしらじらしくつぶやいていると、常連のお客さんが、

「生き物に触れる水槽があったらいいな」

とおっしゃいました。

「ほー、タッチング水槽、タッチングプールか。いいかもなあ」とボクは思いました。「どうしようか。もともとある水槽をそのまま直したほうが簡単だしラクだしなあ」。しかし、同じものを作るのでは進歩はありません。「新しくタッチング水槽を作れば何か新しい動きが生まれるきっかけになるかもしれない！」という思いも少しありました。一方、「新しいものを作って失敗したらもうゲームセットだろうな」という不安もあります。

　改革か現状維持か。

　そもそもこの水族館自体がダメなところばかり。すでに失敗しています。なのに同じものを作っても結局ダメなのではないか。だったらお客さんの要望に応え

て新しいものを作ろう！

こうして、思い切って「生き物に触れる水槽」を作ることになりました。

力のある水族館の場合、水槽を設計するプランニング会社などにお願いして、希望する水槽を作ってもらうことが多いのですが、何度も言うように、ウチにはお金がありません。プランニング会社に設計の段階から頼むことなど、我が館にとってははるか宇宙の果てにある夢のようなゼイタクな話です。

設計費用を浮かせるために、自分たちで「こんな水槽にしたい」というイメージ図を書き、そこにそれぞれが描いた良いところを加えて理想の水槽図を完成させていくことにしました。戸舘と二人で実際の場所を測定し、反故にした紙の裏に図面を書いていきます。お金がないので紙の再利用です。

みんなの「こうなったらいいな」「こんな水槽にしたいな」という思いを形にしていきます。ヘタクソですが実際に完成した水槽の周りで、多くのお客さんが楽しんでいる絵も描きました。

夢の水槽です。

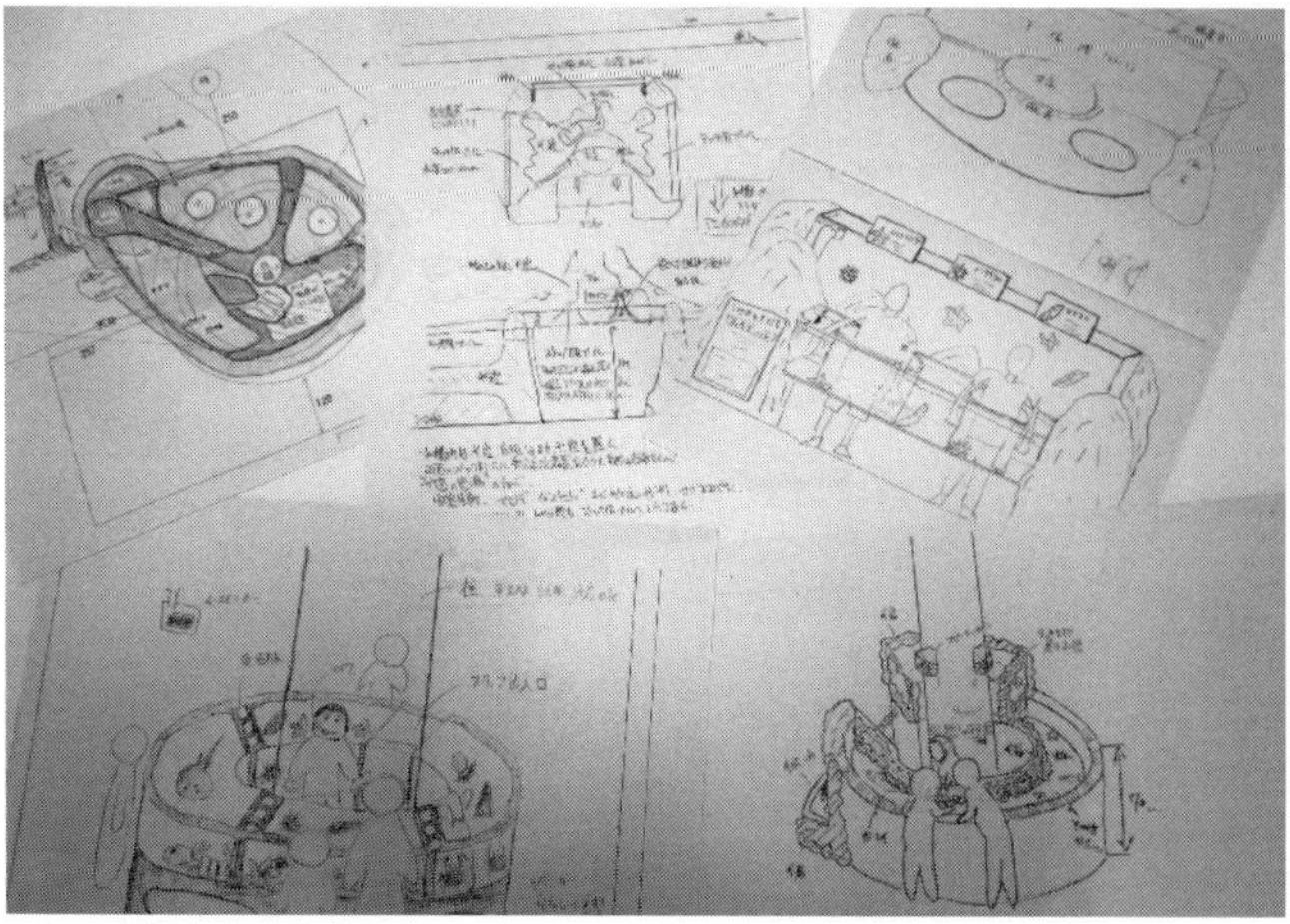

各自が持ち寄ったさわりんぷーるの図

「お客さんが増えるだろうな」「きっと楽しんでくれるだろうな」すごく楽しいひと時でした。

完成した図面やイメージ図を水槽制作会社に提示して、

「これを作ってください」

そうお願いをすると、制作会社の人は長い沈黙の後に、

「この水槽を作るには三億円くらいかかるかな。（うふふふ）」

という返事が返ってきました。実際には「うふふふ」とは言っていないと思いますが、その時のボクには「うふふふ、おたくにできるわけないさ」と

いう意味を含んだ声が聞こえてきました。

「なるほど！　そうですか、そんなもんですか。では前向きに検討します！」

と、ボクは明るく返事をしました。

うーむ、どうしよう。予算は二千五百万円なのだ。

三億円を二千五百万円にする

「三億円か……」

まず最初に宝くじが当たらないかなと思いました。どこかの大金持ちと友達になって寄付してもらえないだろうか。大金持ちの会社の社長に手当たりしだい手紙を書こうかとも考えました。

その当時、話題になっていたのが北海道の旭山動物園でした。老朽化した施設を改修し、スタッフたちの思いの詰まった新しい展示施設が人気を集めて連日のようにテレビで紹介されていました。ペンギンやシロクマが生き生きと暮らし、来館者が歓声を上げる展示施設にはたしていくら投資したのか。旭山動物園のように全面リニューアルするほどの金はない。う〜ん、と唸るしかありません。唸って、即座にピカーン！　とヒラメキの神が降臨してきて、すさまじいアイデアが思いつけばドラマなのですが、現実ではボクごときの人間にそういったことは起こらず、唸ったままただただ時は流れるだけでした。

「三億円の見積もり水槽を二千五百万円でできるようにする」

他のスタッフは「無理だぁ」と投げ出してしまい、ボクと戸館の大きな緊急課題となりました。水族館の水槽ってベラボウに高いのです。通常、水族館のリニューアルのために水槽を改装したり新設すると、一億円近いお金や、時には数億円といった予算をかけて行うのが普通です。

コストカッターとしてエサ代などを見直し、すでに運営費を年に百万円以上うかせて活躍していた戸館はまず、水槽に装飾されている「擬岩」という強化プラスチック製の偽物の岩に目をつけ、図面からどんどん取り除いていきました。擬岩は自然の風景を再現すべく、実際の自然の岩を型どって水槽周りに配置するものです。これはすべてオーダーメイドで職人さんに作ってもらうので値段が高くなります。ボクは水槽の形状を変えて、贅沢なつくりではなく、遠足で来た保育園の子どもたちが並んで楽しめる最低限のものへと変更しました。その他、必要ないものはことごとくやめて、絶対に必要なものだけを残し、残したものもさらに安く作るために素材やつくりを変更しました。

そぎ落とせるものはどんどん落としていく、ボクシングの減量に似ています。オノレとの戦いでした。

まず良いものを伸ばす！

仕事中はもちろん、アシカショーをしている時でも新しい水槽のことを考え、仕事以外でも起きている時はずっと水槽のことを考えていました。それこそ寝る寸前まで「何か工夫がないだろうか」「安くできないだろうか」。この水槽の完成に、落ち込んでいる来客数の回復を託していました。

毎日毎日悩んで考える。そのため、日常の仕事がうわの空になることが多く、よく「洪水」を起こしました。水槽に水を足していて、満水になるまでの間タッチングプールのことを考える。考えているうちに水槽に水を足していることを忘れてしまい事務所に帰ってしまうのです。こうなると洪水が起きます。洪水にならないように気を付けながらゆっくり水を足すと、どうしても作業時間が遅くなり、次の仕事であるアシカショーの開演時間に間に合わなくなってしまいます。

水をいったん止めればいいのですが、そこはプロのプライド。これまで習得してきた感覚とテクニックを使って、アシカショーが終わる頃に、ちょうど良く水がたまる状態に注水量を調整してアシカショーに行きます。それをいいことに、今度はアシカショーを行いながらタッチングプールのことを考えてしまいます。そんな時に限って、アシカの動きやキレが良く、お客さんの反応もバッチリ、ここ最近で一番盛り上がるアシカショーになります。「いやぁ最高の出来だった！」と満足して事務所に戻り、「よーし、この勢いでタッチングプールのことも考えるぞ」とコーヒーなどを飲んで余韻に浸っていると大変な事態に！　水槽に足している水のことをすっかり忘れているのです。

水が注ぎこまれたままの水槽からは水があふれ、やがて展示裏から館内のお客さんスペースまでどんどん浸水し、水槽を見ていたお客さんが驚いて「なんか床が水びたしなんですけど！」とスタッフに知らせてくれます。お客さんや他のスタッフに謝りながら、全員総出でモップやぞうきんをもって対処にあたることが頻繁にありました。

こうしてボクたちは締切り寸前まで何度も設計をやり直し、図面を書き直しました。

そしてなんと最終的に二千五百万円より安い見積もりになりました。やればできるものです。

さて、次にこの水槽にどんな生き物を入れるのか。常連さんが「触れる水槽がほしい」と言ったのは、他の人気水族館には、そういった生き物に触れて楽しめる水槽がすでにたくさんあり、流行っていたからです。それを我が竹島水族館にもと導入を決定したのですが、予算的なことから、他の人気水族館にある古い水槽よりも、新しく完成する我が水族館の水槽のほうが圧倒的にショボイものでした。何か目立つことをしなければいけません。できれば他の水族館にないもの、パンチのきいたものを入れる必要があります。

　そこで思いついたのが、タッチング水槽に深海の奇妙な生き物たちを入れることでした。竹島水族館がある蒲郡市の漁師さんは深海の漁をやっており、網に入ってもいらない生き物は水族館にわけてくれていました。

　漁師さんにとっては売れる美味しい魚が獲れればいいのであって、深海でうごめく食べられない変な生き物が獲れても困るだけです。そんな生き物たちは漁師さんたちにとってはゴミでしかなく海に捨てられてしまいます。しかしそんな変な奴らを水族館は欲しいのです。「安いですが水族館が買います」と言うと、漁師さんは協力して持ってきてくれます。自分の獲ったものが水槽の中に入って、お客さんに物珍しげに見てもらえるのは漁師さんも嬉しいようです。

　全国の水族館で人気だったタッチング水槽にはヒトデやナマコ、小さなヤドカリなどの身近な海の生き物たちが入って活躍していました。我が水族館では漁師さんの協力により深海魚を入れて、日本のどこの水族館でもやっていない「深海タッチングプールを作ろう！」と思ったのです。ここにしかないものを作る。強みを活かす。水族館自体に強みはまるっきりなかったのですが、水族館のあるまちに水族館に使える唯一の強みがあったのです。金がない、魅力もない、施設が大きくない、ないものばかりを悩んで良くしようとしても難しいものです。

まず「良いところを見つけて伸ばそう」という考えにチェンジしたのです。

巨大ガニを触らせるなんて！

しかし、深海の生き物はイメージ的にも外見的にも地味でおぞましいものです。はなやかで楽しげなイメージはありません。そんな時、以前から相談に乗ってもらっていた水族館プロデューサーの中村元さんが遊びに来てくださり、

「竹島水族館ならタカアシガニを入れなあかんて」

と、三重弁で自信に満ちた顔でおっしゃいました。中村さんはその当時、江の島水族館のリニューアルで大きな成果を出し、華々しい活躍をしていました。中村さんには大学生の頃から親しくしていただき指導を受けてきました。ボクの人生を大きく変えた人です。同時に竹島水族館の未来も大きく左右した人です。

タカアシガニは深海に生きる世界最大のカニです。大きなものは足を広げると三メートルを超えます。そこそこ美味しいカニです。蒲郡の深海漁師さんたちが獲っていて、他の地域ではなかなか見られないカニです。毎年全国の水族館からオーダーが来て、竹島水族館から全国の水族館に展示供給をしています。つまり目玉となるカニなのです。「タカアシガニがすぐほしければ竹島水族館に頼むと何とかなる」というのが全国の水族館ではわりと有名な話です。

しかし悲しいことに竹島水族館には大きな水槽がないので、大きくて立派なタカアシガニは展示できません。仕方なく他の水族館にあげていました。立場的にもウチは弱いし、「よこせよ」と言われたら「ハイハイ、どうぞ！」といってあげるしかありませんでした。

でっかいカニを、新設するタッチングプールに入れて触ってもらえば人気が出る！　中村さん、さすがです！

しかし他の飼育係の反応はよくありませんでした。ウチの水族館にとってタカアシガニは一番の目玉生物、神聖なる生き物です。それをお客さんに触らせるなんてあり得ないことです。「足がもぎ取られたらどうするの」「巨大なハサミに挟まれたら子どもなら骨が砕けちゃうよ」「触られてカニが疲れて死んじゃうぞ」。多くの反対意見が出ました。確かに言う通りです。

しかし、それは大丈夫でした。竹島水族館には他の水族館にわけてあげられるほどのタカアシガニが持ち込まれてきます。凄腕漁師さんたちのおかげです。最盛期には展示裏の水槽に軽く十匹以上ストックされています。タッチングプールでお客さんが触り、疲れる前に展示裏の水槽の「補欠のカニ」と交代すればいいのです。ハサミは登板の時だけテープで縛りお客さんが挟まれないようにする。疲れる前に控え選手と交代してハサミのテープをほどいて休んでもらう。野球の先発、中継ぎ、抑えのような方式です。

これが他の水族館ではできないのです。他の水族館ではなかなか手に入らない貴重なカニですから、水槽で大切に飼ってガラス越しに見てもらうのが常識的な展示方法です。

タカアシガニを目玉に、深海の生き物に触れるタッチングプール

平成二十三年（二〇一一年）の三月、こじんまりとした水槽ながらも手ごたえのあるものが完成しました。他の水族館ではできない地の利を活かしたどこにもない水槽です。いままでの竹島水族館の水槽とは違って、見るだけでなく体験できる初めての水槽です。ボクと戸舘は手と手を取り合いその場で完成を祝いました。

ちなみに、深い海から浅い場所への水圧変化を乗り越えてやって来た生き物たちなので、再び水圧をかけなくても飼育は可能です。ただし、水の温度は棲んでいた深い場所にあわせて低くする必要があります。これがメリットでありデメリットでもあるのです。メリットは水の温度が低いので、手が冷たくてチビッ子たちが長く生き物を触っていられない。つまり生き物が弱らないことです。通常の身近な生き物のタッチングプールは、生き物がいじめられて死んでしまうこともよくあります。それを防止するために飼育員が注意して、お客さんとトラブルになる水族館も多いのですが、そういった心配はありません。デメリットとして

さわりんぷーる。左奥は「たけすいの小窓コーナー」

は常時水を冷やすために光熱費がかかることです。貧乏水族館にはツライ現実です。閉館後にはフタをして保冷してしのぐこととなります。

「いいものができるから水槽に名前を付けよう」ということで、仕事が終わった後に会議を開いて皆でふさわしい名前を考えました。「ドキドキ水槽」「シンプルに深海タッチングでどうでしょうか」「ワクワクタッチング水槽ってどう？」など意見が出ましたがイマイチしっくりきませんでした。

悩んだ戸館から、

「タッチングプールか、日本語にす

ると、おさわり池だな」

という意見が出ました。

「何それ、おさわり池って。なんだか夜のそういったお店の気配がするからダメ！」

すぐ却下。結果、竹島水族館のある蒲郡で「さわってごらん」の意味の方言「さわりん」を使って「さわりんぷーる」と名付けました。

水槽自体は二千五百万円の予算より安くできたので、余ったお金で「さわりんぷーる」の裏に小さな水槽を二十個羅列しました。そこへ小さな深海の生き物を展示するスペースも作り「たけすい（竹島水族館の略）の小窓コーナー」と名付けました。地元の漁師さんが持ってきてくれる深海の貴重生物で、他の水族館では見ることのできない珍種のオンパレードコーナーです。「深海の生物は竹島水族館の唯一の強みだ！」ということで、地元の漁師さんにお願いして、日本一多くの深海の生き物が展示される水族館にしました。

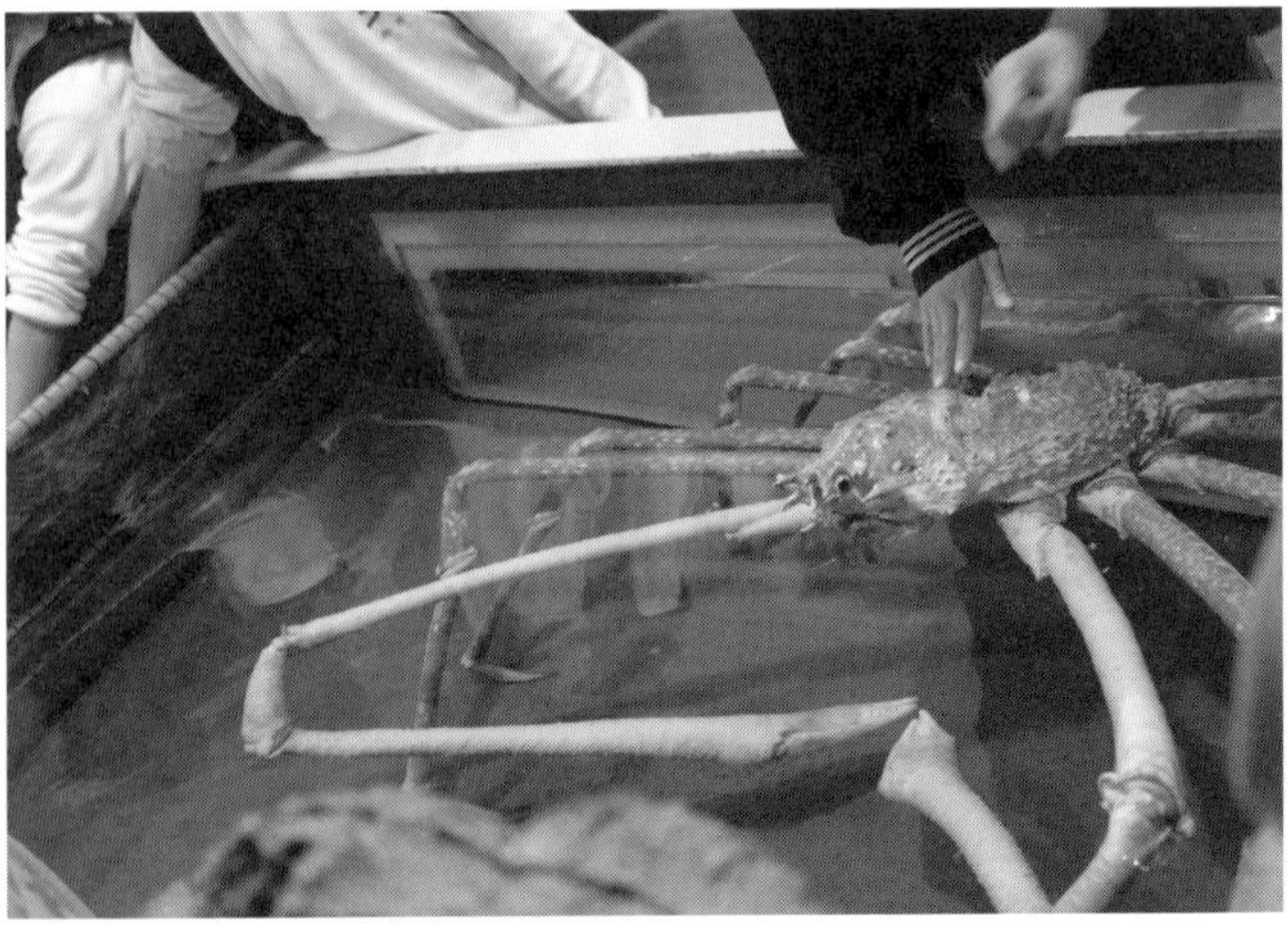
タカアシガニを目玉にしたさわりんぷーる

「これでお客さんが来なかったら終わりだな……」

完成した「さわりんぷーる」を眺めながらボクは戸舘に言いました。

「そうだろうね。やるだけのことはやったからね。楽しみだね」

戸舘はあまり楽しそうな顔をせず言いました。

「お客さんが来なかったら終わりだね」

ボクはもう一度戸舘に言いました。

「うん、二回も言わないでもいいよ」

「そうだね。大事なことだから二回言わないとね」

「そうだね。しかしこれでお客さんが来なかったら終わりだね」

「うん、それ、さっきオレが二回も言ったから」

全員坊主になる！

「さわりんぷーる」ができる前の年、平成二十二年度の年間入館者数は約十二万五千人でした。これを「さわりんぷーる」と「深海生物の大量羅列展示」によるミニリニューアルで十六万人にしたいと目標を定めボクは全員に宣言しました。十六万人というのは、竹島水族館のある蒲郡市の人口が約八万人なので、市内の人が全員、年に二回来てくれる水準の水族館にしようという思いで設定しました。

「十六万人なんて、そりゃ無理だよ」

当時の館長は笑って言いました。そういうことを言われるとボクは逆に燃えるタイプです。

コイツを「すみませんでした」と謝らせてやろう。見ておれよ。「無理だ」なんて言ったことを後悔させてやる！

「十六万人に達しなかったら全員坊主にしよう！」

ある日ボクは飼育員たちに言いました。飼育員たちは「およよ？」という顔をした後に状況を理解し、すぐに納得してくれました。「坊主はなりたくない！十六万人を目指そう！」という気持ちで満場一致でした。

これまでの経験上、この水族館は目標を定めることはあっても、達成すると上層部のイイトコドリが起こり、逆に達成できないと「しょうがないよね、でもがんばったよね、うん、しょうがないしょうがない」と慰め合ってうやむやにして終わるのが常でした。ボクは十六万人を目指す、できなければ坊主になる、ということをメディアや地元広報誌に公言し、税金という形で二千五百万円を出してくれた地域の人たちに約束しました。

実際のところ十六万人に達する確たる自信はなく、もし達成できなかったらできなかったで全員坊主になってもいいのではないか、それはそれで話題性があり注目を集められるのではないかと思っていました。全員坊主という高校球児のような水族館は当然他にはなく、それはそれで面白いはずです。その時は、アシカショーのステージを使って、水族館の向かいにある高校の先輩がやっている美容院に頼んで公開断髪式をやろうと思っていました。

しかし、地元の人ですら来なかった地方の水族館に、珍しい深海生物を目当てに全国からお客さんが来始めたのです。地元の人も、「坊主が見たいから行かないよ」と言うより、「坊主はかわいそう」と言って来てくれる人の方が多く、さわりんぷーるも狙い通り人気を集めました。十二万五千人だった入館者は翌年の平成二十三年度には十六万人どころか一気に二十万人になり坊主は簡単に回避できました。心配した水槽の水を冷やすための光熱費用もお客さんが増えたことでクリアできました。

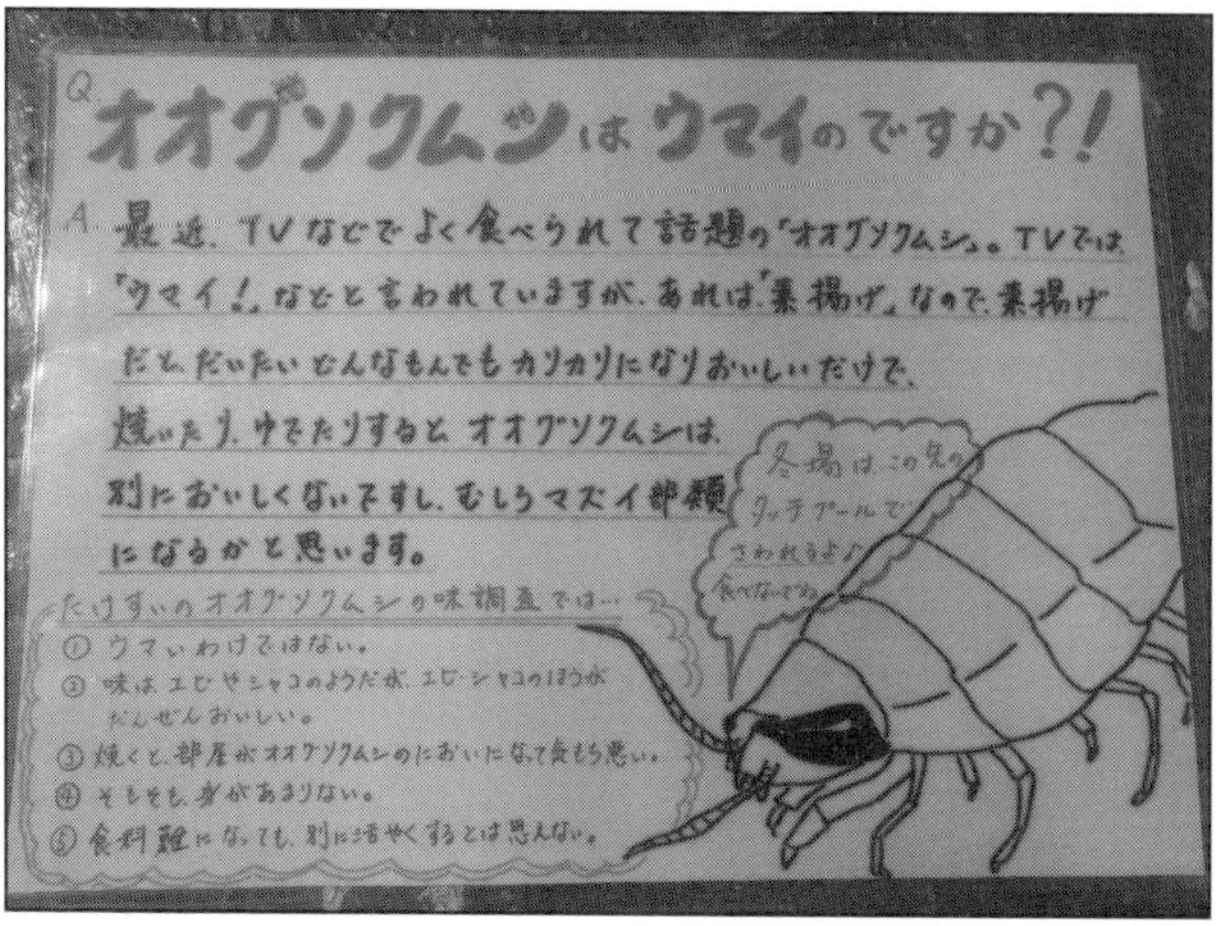

崖っぷちから生まれた手書きカンバン

第三章 「何もない」は「実はある」

他にウリがない

深海の生き物を唯一の強みとして触れる水槽を作り、展示種類数も全国最多にしましたが、我が水族館にはそれ以外にもうやれそうなことはありませんでした。相変わらずボロボロで小さくて、外観を見て入館をやめて帰る人もいました。なんと、

「本当に魚がいますか？」

と入口で聞いてくるお客さんもいました。水族館なのに……。

「深海の生き物に触れる、深海の生き物が多く展示されている。そう聞いてきたけど本当なのか」

いざその水族館の前に立つと、思ったよりも規模が小さく、時が止まったような古い外観。そこから霊感のない人でも感じることのできる負のオーラ。誰もが思いとどまり、入館するのをためらってしまいます。

「何とかよくしよう！」というのがボクと戸館の口癖になりました。何かヒントはないかと頻繁に他の水族館に偵察に出かけました。仕事が休みの日を使って

全国の「清く正しい水族館」を訪問し、必死に何か竹島水族館に取り入れることができることはないか探しました。あらかじめ、訪問する水族館の職員の方に連絡をとり案内してもらうこともありました。恥ずかしいのでコッソリ行くこともありました。

コッソリ行くときは必ず館内を三周しました。一周目は普通のお客さんと一緒に魚を見て楽しむ、二周目は魚ではなく魚を見て楽しんでいるお客さんの姿を観察、「何にそんなに喜んでいるのか、どんなことを話しながら水槽や魚を見ているのか」を観察します。三周目はお客さんが楽しんでいた水槽がどんな仕組みなのかを見て回ります。水槽の工夫や照明の種類、使っている素材などを見ます。この時、水槽の中の魚ではなく水槽の天井を見上げていたり、やたらそこらじゅうを触って素材を調べたり、水槽から離れたり近寄ったりと、あからさまに行動が不審者化するので、だいたいその水族館の職員の方に存在がバレてしまいます。

小さな水族館にも大きな水族館にも行けるところはなるべく行くようにしました。そのどれもが羨ましく憧れました。お客さんの数は多く、みんな楽しげに生き物を見ています。

沖縄の美《ちゅ》ら海《うみ》水族館を訪問し帰ってきた戸舘は、

「ジンベエザメのいるでっかい水族館だっていうのは知ってたけど、本当にでっかくてね、完全にナメてたわ。入口に入る前の入館ゲートの時点で土下座して謝りたくなったわ」

悲しみと興奮の入り乱れた顔で語ってくれました。ボクも福島の水族館に行った際はその立派さに悔しくて思わず涙がこみあげてきました。近くの大水族館である名古屋港水族館でも同じです。、憎たらしさが体じゅうから湧き上がり、錯乱状態に陥ってしまい、何が何だかわからない状態で見て回りました。水族館に限らず、動物園、植物園、美術館、ディズニーランドにもよく行きました。

読まれていない解説

たくさんの施設を訪問すると、いつも二周目に「ややや?」と気付くことがありました。楽しそうに見ているお客さんたちのほとんどが、水槽の横に掲示してある「解説」を読んでいないのです。ボクはじっくり読みます。何しろ我が弱小貧乏水族館に取り入れるところがないか必死なので、それこそハイエナのような目つきで読みます。

解説はその水槽や魚のことが詳しく書かれているありがたいものです。読むと魚のことがより詳しくわかります。「ふむふむ」とか、「へぇそうなのか」ということが書かれています。しかしみんなそれを読んでいないのです。お客さんは「なんともったいないことをしてるのか」と思いました。

水槽を見る二十人のお客さんのうち、何人が解説を読むのかを調査すると、だいたい七、八人が気にして見ています。そのなかで最後までキッチリ読む人は一人か二人でした。ある日、最後まで解説を読んでいた人にボクは勇気をふりしぼり近づき、

「突然で申し訳ありません。前の前の水槽の解説を読んでおられましたが、そこに何が書いてありましたか？」

すると、驚くことにその人はキッチリ読んでいたにもかかわらず、

「前の前の解説？　なんて書いてあったかな……？　アレ？　前の前の水槽って何の水槽だっけ」

つい数分前、じっくり読んでいた解説をすでに覚えていないのです。ということは、最終的に水族館を出る時に果たしてどれだけのことを覚えていてくれるのか。

「解説を読まないなんて、お客さんはもったいないことをしている！」と思っていましたが、逆に「こんなに読まれない解説を掲示している水族館はもっともったいないことをしている！」と思い直しました。というのは、解説板を作るにも当然お金がかかるのです。業者さんに頼んで作ってもらい、設置してもらわなければなりません。我が弱小貧乏水族館にはその当時、もはや業者さんに頼むお金すらありませんでした。

お金をかけて作った解説がぜんぜん読まれていないなんて！　読んでもらえても、ぜんぜん記憶に残っていないなんて！

手書きだ！　図鑑に掲載されていることは書くな！

　コスト削減こそオレの使命というテーマに燃えていた戸舘に、真っ先にこの話をして「突発的緊急お茶の間会議」を開きました。戸舘とのこの突発的緊急会議は今でも続いており、どちらかが「コーヒーでも飲む？」と声をかけ、声をかけたほうが館内の自販機コーナーで缶コーヒーをおごり、事務所で唐突に始まります。お茶菓子などを持ち寄ることもあり、昼下がりのオバチャンの井戸端会議のようにして始まります。その場で問題を解決したり、新しい企画や挑戦が生まれたりします。逆に、お互い気にしていながら胸の奥に秘めていた問題を表面化させたものの、解決策もないまま落ち込み、二人とも深いため息をついて解散ということもあります。

「さしあたって今は解説問題だわ。ぜんぜん役に立ってない」

「そう言われればそうだろうね」

戸舘は缶コーヒーを一口飲み、アゴのあたりをボリボリ。

「そうなんだわ、ぜんぜん読んでないだわ！　ウチの水族館でもそうなんだわ！」

ボクは「だわ」を連発して机を激しくたたいて興奮します。

「そうだろうねぇ。どうしよっかぁ」

戸舘はもう一口缶コーヒーをグビッと飲みました。

読んでもらえない解説にお金をかけて作っても仕方がない、ということでお互いの考えが一致しました。当時の竹島水族館では、「ムダこそ最大の敵」がテーマでした。もともと戸舘は竹島水族館に移籍するなりすぐに「この水族館にはムダが多すぎるね」と言って行動に移し、ボクもその頃から積極的にトヨタ自動車に関する本を読み始め、「ムダを徹底的に無くす」ということを覚えていました。

「もう看板を業者に頼むのはやめよう。金ないし」

戸舘は言いました。

「うん。自分で書けばいいよ。どーせ読まれないし」

ボクは言いました。

ん？ どーせ読まれない？？？

では読んでもらうにはどうしたらいいだろうか？

こうして、読んでもらえる解説を作ることが次なるテーマとなりました。

そもそもなぜお客さんは水族館の解説を読まないのか。ボクたちは楽しく読めるのに。「お?!　ボクたちは楽しく読める??」また調査が始まりました。答えは現場にあるとトヨタ自動車の本で勉強したばかりだったので、ヒマを見つけては展示裏から館内に出てお客さんを観察しました。

そこでわかったのは、お客さんは、

①文字が多いとそれだけで読まない。みんな読書をしに水族館に来ているわけではない。

②書いてあることが難しいと読みたくない。

③入口に近い水槽の解説は読むが、出口に近くなるにしたがってほとんど読まなくなる。

④お客さんが「あること」についてしきりに話すことがある。

ボクたちによく聞いてくる「あること」、それは何かと言うと……、

今、ここでは書きません。もっと読みすすめると書いてあります。

アルタム・エンゼル
・レア度：95％
・分布：南米アマゾン・コロンビア
・全長：13cmになる。
アルタム・エンゼルは、日本の水族館では展示の少ないレア魚です。そのため、繁殖すれば「ウハウハ」なのですが、現在、まったくその気配・やる気が見られません。

ペアを組んで卵を産むための筒を水槽の向かって左の奥に設置しましたが全員完全無視しています。

早くペアを作って産めよ！っと、飼育員さんは少しイラツイています。

恋愛より食欲。

図鑑に掲載されている内容は書かない

これを水族館プロデューサーの中村元さんに話すと、「そうやな」とニヤリと笑い三重弁で、

① 二百文字以上の解説はほとんど読まない。

② うまいイラストの描いてあるものより、手書きの下手なイラストのほうが読まれる。

③ これらを全国水族館職員勉強会議で発表したら、猛烈な抗議と反対意見を食らった。

④ 読まれる解説は作れる。しかしどうしたら作れるかは教えてあげない。

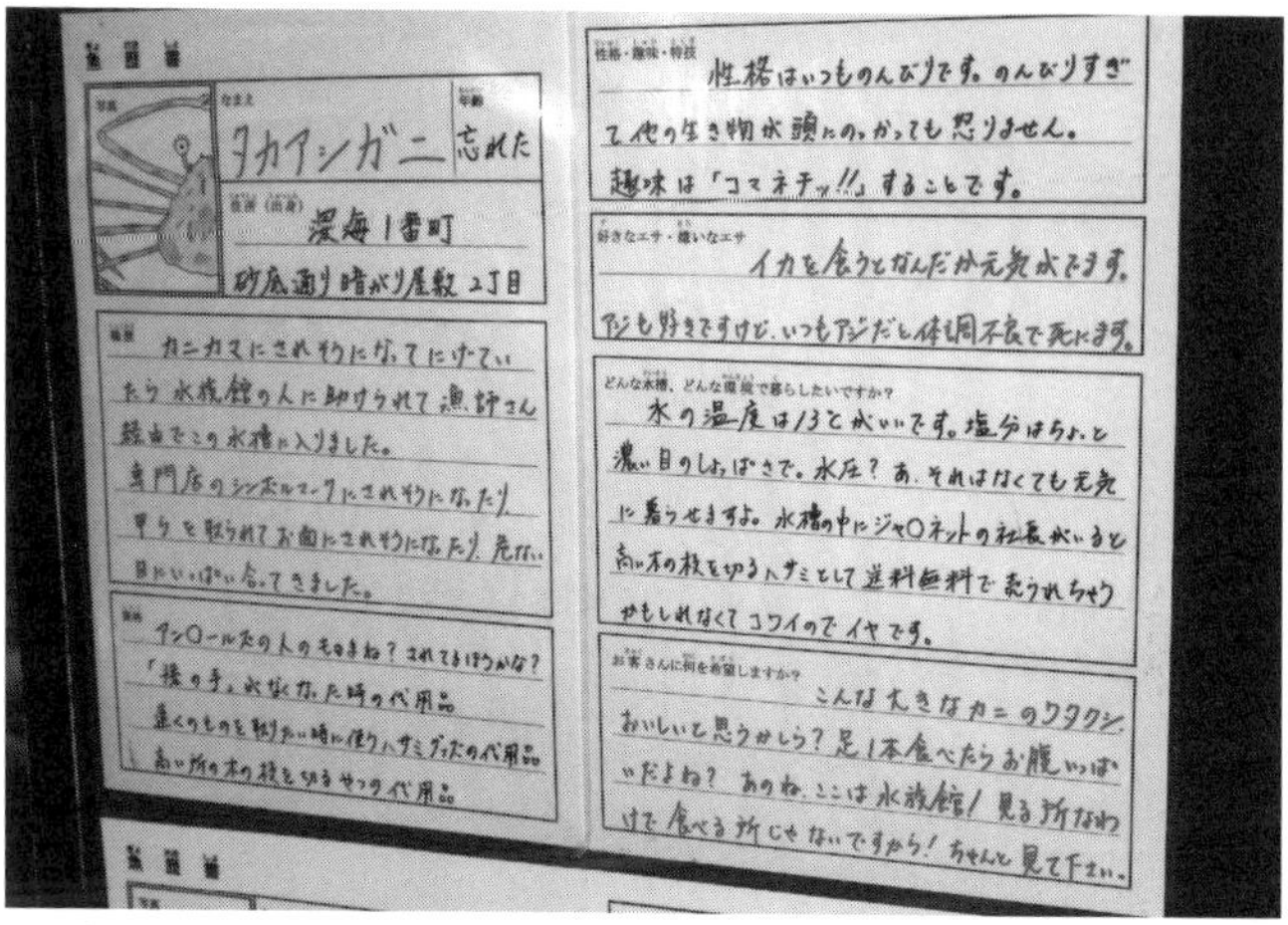

手書きで書く

という三点の指導と一点のヒントをくれました。もちろんこれらのことを自信に満ちた三重弁で言うのです。どんな時でも不安にかられオドオドしているよりも、自信に満ちるというのはカッコイイものです。ボクも中村さんのように自信に満ちたい！

深海生物に触れる水槽「さわりんぷーる」の時と同じように、健やかなる時も病める時も、毎日のように考えを巡らせていました。その結果、

「図鑑に載っている内容は書かない」

「手書きで書く」

「わかった気でいない」

という三つのテーマを掲げて解説を書いていくことになりました。

「図鑑に載っている内容を書かない」というのは、知りたければお客さんが図鑑を読んだらいいし、インターネットでいくらでも知りたいことは調べられる時代だからです。

「手書きで書く」というのは、手紙でも手書きで書くと温かみがあって読まれるものだし、色画用紙に手書きで書けばお金がかからない。もしお客さんが読んでくれなかったら、すぐに撤去してまた新しい色画用紙に書き直すことが簡単にできます。

そして、「わかった気でいない」とは、お客さんの気持ちになって解説を作り、解説を作る側の思い込みは排除する。勘違いが多すぎるのです。これについては重要なことなので次章で書くことにします。

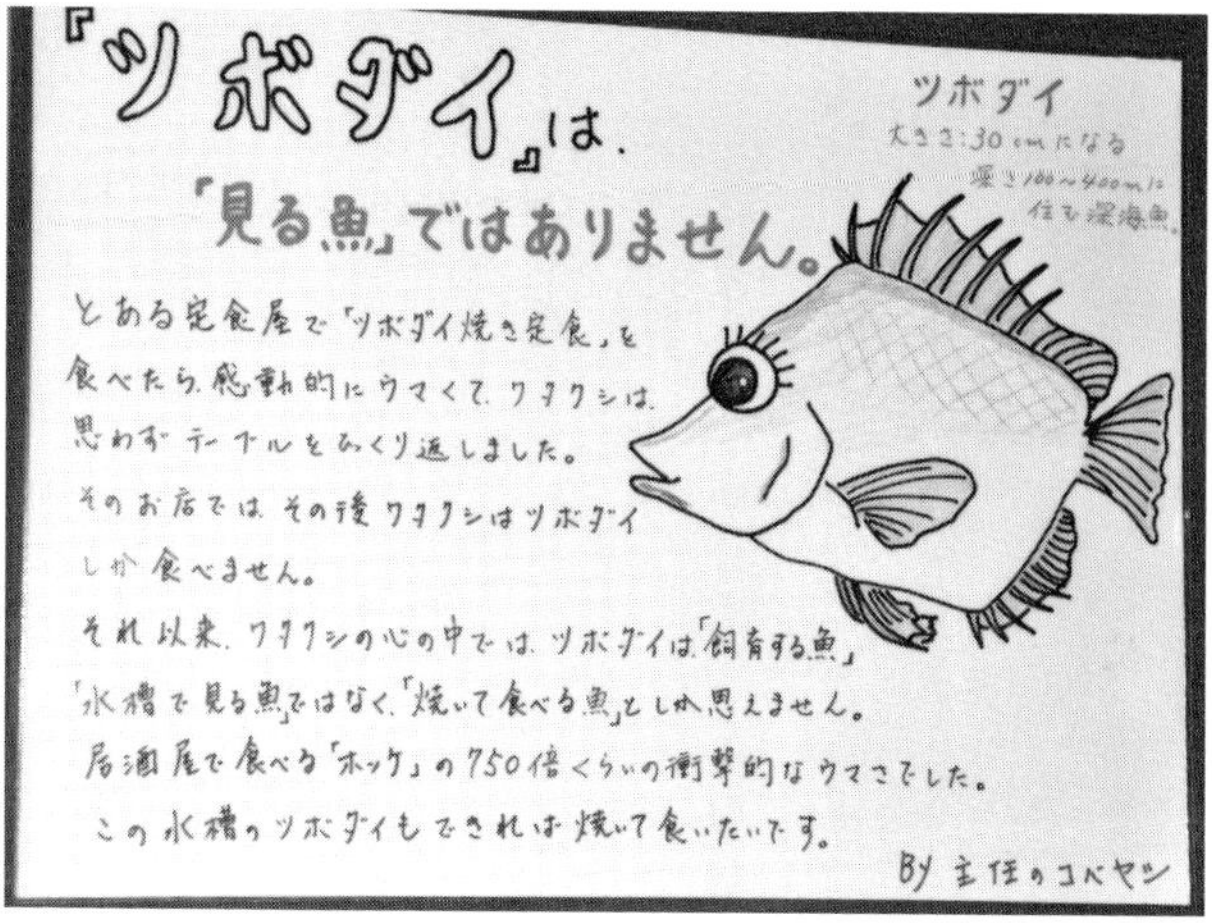
『ツボダイ』は、
「見る魚」ではありません。
ツボダイ
大きさ：30cmになる
深さ100～400mに
住む深海魚。
とある定食屋で「ツボダイ焼き定食」を
食べたら、感動的にウマくて、ワタクシは、
思わずテーブルをひっくり返しました。
そのお店では、その後ワタクシはツボダイ
しか食べません。
それ以来、ワタクシの心の中では、ツボダイは「飼育する魚」
「水槽で見る魚」ではなく、「焼いて食べる魚」としか思えません。
居酒屋で食べる「ホッケ」の750倍くらいの衝撃的なウマさでした。
この水槽のツボダイもできれば焼いて食いたいです。
BY 主任のコバヤシ

水族館のタブーに挑戦！

第四章
その場に浸かるとマヒをする

わかった気でいることの危なさ

そう言われたら確かにそういうことであり、けれども忙しい日々の中で知らず知らずに頭の中から消えてしまっていることであると思います。心の狭いボクはあまり書きたくありません。できれば知らせずにそっとしておきたいのですが、書かないことには本として成り立ちません。

水族館について書いてありますが、読者ご自身のこと、ご自身の仕事のことに置き換えて読んでもらえばいいのではないかと思います。（チョット上から目線ですみません）

水族館の解説パネルはぜんぜん読まれていないということを、中村元さんは全国水族館職員会議で発表し、やる気満々の水族館関係者から反感の嵐にあったという話をご本人から詳しくお聞きしました。いつもは自信に満ちた表情で話をしてくれる中村さんでしたが、その時だけは少し困った悲しい表情をしていました。それでも、「知っているのはオレだけだぜ」という自信を顔の端々に現し、

「しかしオレ発見してしまったんだぜ。みんな解説は読まれていると思っとん

のや……」

読まれているはずはありません。実際ボクは様々な水族館で直接調べてほとんど読まれていない、読んでも頭に入っていないことを感じていました。しかし、中村さんは、

「水族館の飼育員は、お客さん全員が解説をしっかり読んでいると思っとんのや」

と言います。

水族館の飼育員というのは、魚を代表とする水中の生き物たちがとにかく大好きな人種です。

例えば目の前に、
①最近人気の超かわいい女優さん
②その横にペパーミントエンゼルフィッシュ
がいたら、迷わず②ペパーミントエンゼルフィッシュに興味を示すタイプの人たちです。（ペパーミントエンゼルフィッシュ＝マニアが惹かれる超貴重な高級

でカワイイ魚）
そんな特殊な変態人物たちが読んで楽しい解説を水族館に掲示するのです。それを水族館に訪れた一般の人たちが読んで面白いわけがありません。面白さの種類が違うのです。（ちなみにボクはペパーミントエンゼルフィッシュを横目で見つつ女優さんを選びます）
「この赤い魚と、この赤っぽい魚の違いは、こちらの赤い魚は背中のヒレのトゲが長く、この赤っぽい魚の背中のトゲは長くないところで見分けられます。よーく見て見分けてみましょう！　ところで赤っぽい魚のほうは自然界では数が減っており、自然は大切ですからみんなで守りましょう！」
というような解説（実際にはもっとこれより難しく硬い表現で記されている）を飼育員Aは作り、満足し水槽の横に掲示します。飼育員Aは、「おーし、バッチリだ！　オレいい仕事してる、今日も輝いてる！」と思い展示裏に引っ込んで飼育作業に戻るのです。しかし、それを読んで感心したり、「良いことを教えてもらった！　やっぱりAはすごいな、いい仕事するな、オレも見習わないとな！」

と思うのは飼育員BやCであって、お客さんからしたら、「どーだっていいわ。赤かろうが赤っぽかろうがトゲが長かろうが、全部同じ赤い魚なんだわ」ということになるのです。こういうことが水族館では頻繁に起こっているのです。

　中村さんが教えてくれたことはその通りであったのです。言われれば「そうですよね」とわかるのですが、言われないと気が付かないものです。いや、なんとなく気が付いているのですが、環境のせいで、あるいは今まで蓄積してきた知識や、水族館の飼育員だという妙なプライドが複雑に入り混じって、気が付いていないふりをしているだけなのかもしれません。思えば複雑化した家電製品やパソコンなどの説明書を見ると、書いてあることがまるっきり宇宙語で理解できず、読む気をなくした状態におちいった経験がボクにもあります。これと同じことだと思います。

　いつもその場所で働いているし、働く前からそういった勉強に浸っているのだからマヒして当然です。それが当たり前になってしまいます。仕事をする上で自分が楽しめればそれはそれでいいことですが、お客さんが喜んでくれないと仕事として成立しません。それに気づいた時の罪悪感は、「アタイがバカやってん。アタイが間違ってたのね」という心境でした。

自分の感覚や基準で考え、それをお客さんに押し付けるような解説はどれだけ書いても読まれません。

この魚は美味しいよ、不味いよ

とにかく現場に出ました。すなわち、展示裏ではなくお客さんのいる館内に出てお客さんの様子を観察しました。飼育員なのにおかしなことですが、もう自分の飼っている魚の様子を観察するヒマはありませんでした。

「どうしようかな、どうしたらいいのかな」と館内で考えていると、ある日、そばにいたお客さんが、

「おい、お兄ちゃん、この魚って食べれるのかい？　美味しいの？」

と聞いてきました。

「美味しいですよ」

と答えるとお客さんは、

「そうかそうか、おまえは美味しいのか！」

と言って再び嬉しそうにその魚を見ていました。こういったことは他のお客さんにもよく聞かれました。カップル客も「美味しそうだよね〜」と言いながら二人で楽しげに魚を見ています。家族連れで来ていた子どもは「美味しそう！お寿司にしたい！」と叫んでいます。するとお母さんはボクの顔を見て、すぐさま「バカ、変なこと言っちゃダメ！」と注意します。魚をかわいがって飼っている水族館職員の前で「寿司にして食いたい」などと言ったら、それは緊張した空気になるよねと思ったのですが、それこそがマヒした自分中心の考えでした。

寿司にして食べたいくらいなら、どの魚が美味いのか、それを解説にして書いたら読んでくれる！

すぐに事務所に戻って色画用紙に、この魚は食べたら美味い、これはあまり美味しくないよ、という解説を手書きで書いて水槽横に掲示すると、なんとお客さんは興味深そうにそれを読んでくれたのです！

しかし、水族館で「美味い、マズイ」を書くのは、業界でタブーとされている暗黙の決まりのようでした。なぜならそれは魚屋さんの仕事であり、「水族館は魚からその生態や自然科学を学んでもらうところだ」という暗黙のスタイルがあったからです。だけどそんな型にはまってられない。そういった正しい型は大きくて立派なちゃんとした水族館にお任せしよう。そうしないとウチの水族館、お客さん来なくて潰れちゃう！

名物カンバンがお客さんを呼ぶ

平成二十四年（二〇一二年）の春ごろから、漁師さんからいただいたり、港から水族館に運ぶまでにキズや衰弱で死んでしまった魚を食べるようにしました。そのレポートを色画用紙に書いて水槽の横に掲示していきました。

そこで思わぬ能力を発揮したのが飼育員の一人三田《さんだ》です。彼は、オオグソクムシをはじめ、死を覚悟して食べたレベルの、見た目もおぞましいヤマトトックリウミクモなどたくさんの深海魚を食べてきました。今では、「深海魚グルメハンター」として名を馳せています。「はるばる深海からやってきた魚を、死んだからといって捨てるのはあまりにも可哀そう」という思いで食べているというが……味はみんなで共有します。

同時に、これまでの図鑑風の科学的内容の解説をやめて、その魚自体のことを書くようにしました。例えば、

「最近この水槽に入ったばかりです！　新入りっす！　ちょっとビクビクしてますから応援してほしいっす！」

「この魚はかなり珍しいです。そしてお値段が高いです。一匹で美味しいフランス料理のフルコースが食べられるくらいの値段です。え？　それならコース料理食べたほうがいいって？」

ということを画用紙に書きます。中村さんの教

恐怖に顔をひきつらせる三田圭一

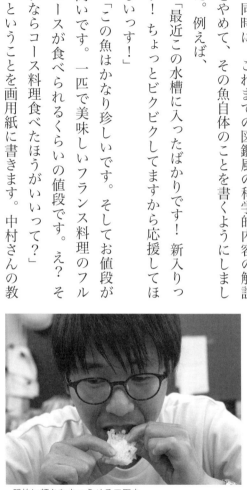

えに沿って文字は二百文字以内。絵で表現できるものは字を書かずになるべく絵で表すようにしました。寿司ネタになる魚が多く入っている水槽の上には、とある有名な人の格言をもじって、

「おいしそうに見えるじゃないか、にんげんだもの」

という解説まで掲示。もちろん、お客さんは喜んで見てくれます。そしてその魚のことをあらためてじっくり興味深そうに見てくれました。

解説は、その生き物のことを毎日世話して一番よく知っている飼育担当者が書くことを基本として、作成したものは原則として校正は一切ナシ。「お客さんが読んで嫌な思いをしない楽しいものを」というルールにそって各自が自由に書くようにしました。わざとそうしました。ボクが入社したころ、先輩に校正をしてもらうと赤文字の修正だらけになって気が滅入ることがありました。そうなると毎回、書くものはお客さん向けではなく、先輩の校正を無事に合格するためのものになっていました。これでは意味がありません。

担当者によって自由に書かれた解説は水槽の横に掲示され、そこで初めて先輩

が見て誤字があったり表現が悪かった場合に少しだけアドバイスをします。また、自分が担当している生き物の解説が少なかったり、良いネタがあるのに作成しなかったりすると怒られたり、他の生き物の担当者に書かれてしまったりします。

解説の看板を作るお金すらない末期的症状の中、考え方を変え、色画用紙に手書きで書いただけで大成功したのです。

調子に乗って水族館の全国飼育員会議で発表したら、やっぱりあまりいい反応は返ってきませんでした。戸館も同じような会議で、他の水族館のオエライさんに、

「キミのところは美味いだマズイだなんて、あんなこと言ってちゃダメだよ！もっと生態学や自然科学をお客さんに伝えないと」

と注意されて肩身が狭い思いをしたと話していました。

しかしお客さんには人気でした。テレビや新聞で取り上げられ、ＳＮＳでお客さんから拡散され、のちにタケスイの名物解説カンバンとして有名になりました。なんと全国から解説を読みにお客さんが来てくれるようになったのです。解説板

とか解説看板と漢字にせず、解説カンバンとカタカナ表記にしたのは、トヨタ自動車の生産方式の一つカンバン方式にボクがあこがれていたからです。

展示水槽の改革

確信的ではないものの、お金が無くてもできることがなにかしらあるのではないか？　あきらめずにいたら何かできるのではないか？　経営再建が何となくできるのではないか？　と思い始めていました。現にお金がなくて作れなかった解説パネルは、色画用紙に書くだけで人気になり大成功しました。人気の「さわりんぷーる」も水族館の水槽リニューアルとしては破格の低価格。しかも工費は三億円から二千五百万円に減額しました。頑張ればやれるのではないか、頑張らないからできないのではないかと思ったのです。

次にやることとして挙がったのが水槽の中の改革、展示の工夫でした。解説カンバンがヒットしたものの、その水槽に入っている生き物は平凡なものばかりでした。水槽自体も、家庭の玄関先などにある趣味の水槽がちょっと大きくなった程度でした。

水槽のリニューアルというのはバクダイな予算が必要になります。擬岩を職人さんに作ってもらったり、トンネル水槽なんてアクリルガラスを筒状に曲げないといけないから、それだけで相当なお金がかかります。そういった話は「さわりんぷーる」の三億円見積もり事件を通して身をもって感じていました。

お金をかけずにいい水槽を作る……。

それができたらどれほど嬉しいことか。しかし、そう簡単にできるものではありません。できたらみんなやっています。水槽業者は仕事になりません。

竹島水族館ならではの、お金をかけない面白い水槽ができないか、来る日も来る日もそればかり考えていました。他の水族館へヒントを探しに行っては自館との差に直面し、ムカついて帰ってくる日が続きました。

港で獲った地味な煮魚を主役にする

お客さんの数は増えたとはいえ決して多くはありません。まだまだです。通常の業務が早く終わり、時間に余裕のある時は近くの港へ生き物採集に行きます。慢性的な資金難で、展示する魚は業者や観賞魚店から購入せずに、自分たちで獲れるものを自分たちで獲ってきて展示するという、ワイルドな自給自足スタイルを追求していました。防波堤に並んで仲間と竿をだし、憧れの水族館や将来への展望について話し、時には水族館のグチをこぼすこともありました。

その日はタモ網を使っての捕獲作戦で、港でスカウトしたのはカサゴでした。平凡な茶色い地味な魚です。煮ると美味い魚です。何匹か捕まえて水族館に運び込みました。病気を持っていると他の魚にうつってしまうので、まずは展示裏の予備水槽で検疫をして様子を見ます。カサゴは岩陰にかくれる習性があるので、検疫用の予備水槽には岩や穴の開いたコンクリートブロックを入れました。カサゴは岩の隙間やコンクリートブロックの穴に入って安心して生活をします。しかし、これをコンクリートブロックのない展示水槽でやると、全員物陰にかくれてしまってお客さんからは見えにくくなってしまいます。そもそもカサゴ自体が茶色で地味で目立たない魚です。したがって多くの水族館では脇役的存在です。それが普通ですがその型にハマってはダメです。

展示裏の検疫予備水槽では、コンクリートブロックの穴に入ってのんきな顔をしています。それをそのままお客さんに見てもらえないかと。展示裏の予備水槽でカサゴを眺めながらそう考えました。

総務のオバチャンから千円をもらってホームセンターへ行きました。

ホームセンターで一つ百五十円のコンクリートブロックを何個か買ってきて、展示水槽の中に積み上げました。そこへカサゴを入れると、見事にブロックの穴の中に入りました。魚はだいたい水が流れて来る方向に向かって頭を向けるので、水流を水槽ガラスの前から後方に向けて噴出させると、カサゴたちはみんなこちらを向いて穴の中に入りました。おぉ。これはイケるぞ。

また水槽からブロックを出して、灰色のコンクリートブロックに様々な色のペンキでカラフルに色を塗りました。乾かしてまた水槽に入れるとなかなかいい感じです。裕福な水族館から見たら、こんなビンボウ臭いコンクリートブロックを使った悲しい展示は即却下、「ミスボラシイからやめなさい！」と上司から怒ら

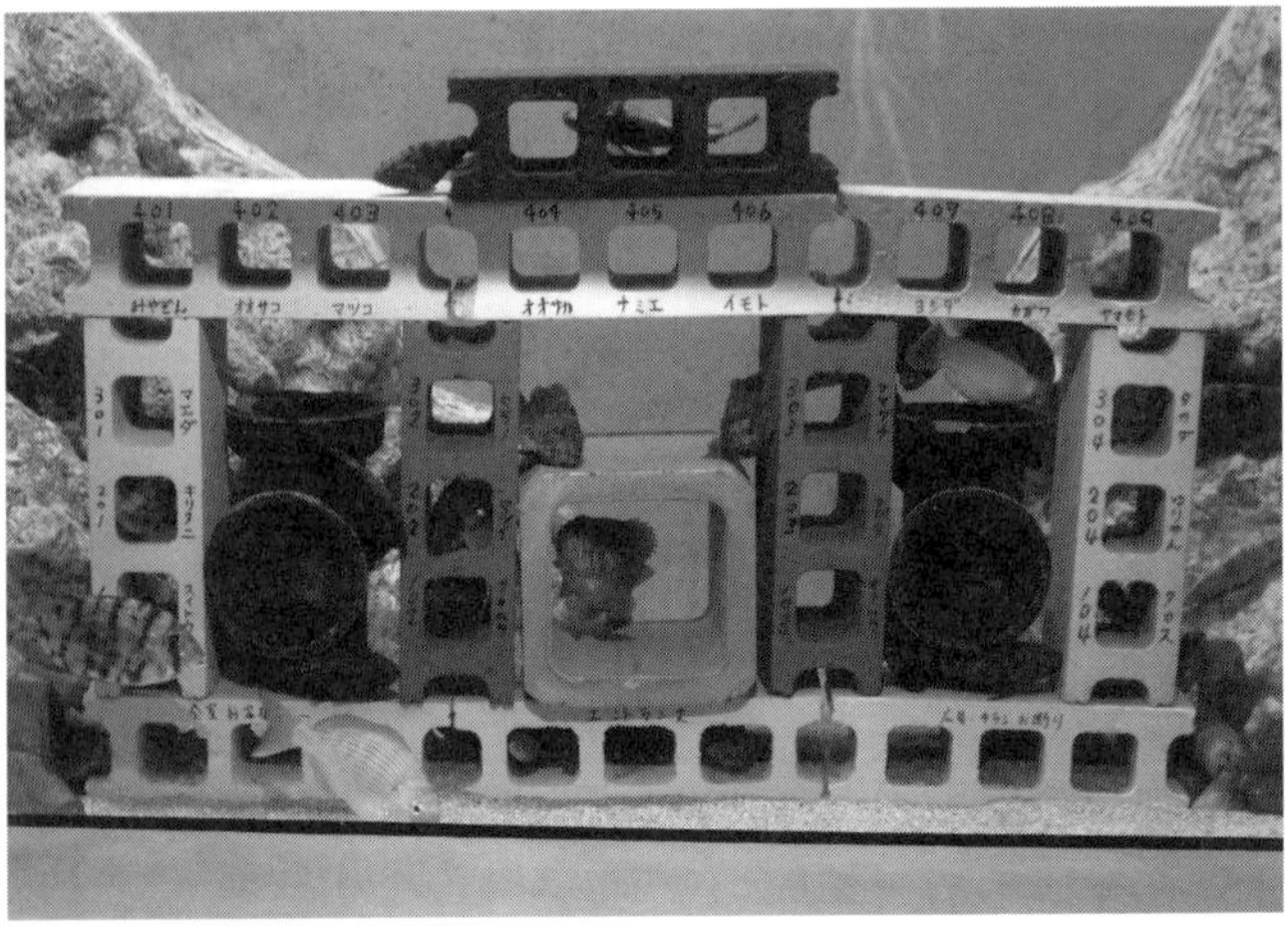

たけしまんしょんに住む地味な魚・カサゴ

れると思います。

しかし、ウチの水族館ではいい！どこもやっていないから、いいんだ！

カラフルなブロックの穴から顔を出すカサゴと、ガラス越しに目が会うとカワイイものです。擬岩の隅に身を寄せて光を浴びずに暮らす地味な魚ではなくなりました。「イケるかも」。そう思ってずっと見ていたら、積み上げたブロックから顔を出すカサゴたちの様子が人間の暮らすアパートのように見えてきました。カサゴには悪いですが、再びカサゴたちを穴から追い出してブロックの穴の上に101号室、203

号室というように部屋番号を書きました。さらによく来てくれる常連のお客さんの名前も書きました。水槽へ戻すと常連さんの名前の付いたカサゴがアパートの中に入っている様子となりました。

常連客のみなさんは笑って喜んでくれました。「たけしまんしょん」（竹島水族館のマンション）と名前をつけて、一つの名物水槽ができました。全室オーシャンビューの高級？マンションです。今では「次に改装する時は私の名前を書いてよ！」とお客さんの順番待ちができるほどの人気水槽が出来あがりました！

「キモチワルイ」をウリにする

同じように目立たなくて地味で、少し嫌われ者の魚に「ウツボ」がいました。ニョロニョロでキバが生えていて、実際にはこちらから手を出さなければそれほどでもないのですが「凶暴」というイメージがついています。人間というのは、長くて手足のない生物を基本的にキモチワルイと思うらしく、ウツボはその典型です。同じ体型なのに、美味しくて高級ってだけでモテはやされるウナギに嫉妬

なぜか見つめてしまうウツボの集団

して生きているやつなのです。水族館でも水槽の脇の暗いところで暮らしていることが多く、本人（本魚）もなんだか自覚をしているようで、その反発として怖い顔をしているようにも見えます。それなのに水中ダイビング解説ショーなどで、水槽に潜った飼育員に、暗闇から明るい世界に引っ張り出されて、「まいったなぁ」と、困った顔をしたりしている悲しいヤツです。

基本的にキモチワルがられるウツボたちですが、館内でお客さんを見ていると「キモチワルッ！」と言いながらも結構みんなジックリ見ています。若い女性客なんかキモチワルッ！　と言いながら「でもなんか見てたらカワイイかもぉ〜」なんて言って隣の彼氏に抱き付いたりしています。

「ウツボどっさりキモチワルワル水槽」を作りました。それまで身近な海の魚が入っていた水槽を空けて、ウツボをどどーんと五十匹投入。近所の土建屋さんや陶器で有名な常滑市に行き、使わなくなった陶器製の水道管を入手して水槽の上から吊るします。狭いところにひしめきあうウツボたちはすかさず陶器の管の中にところ狭しと入り顔だけ出します。おぞましい光景の出来上がりです。これが期待通り「キモチワルイ！」と言われながら大人気の水槽となりました。ウツボだけの五十匹ウニョウニョ水槽。こんな展示をしている水族館は他にはないはずです。

「当たり前」は「当たり前ではない」

全国の人気水族館では壮大な水槽がどんどんできており、お客さんの注目を集めていました。ペンギンが楽しげに泳ぐ水槽やマグロやジンベエザメが泳ぐ巨大な水槽、サンゴの海を切り取ったようなキラキラした水槽など。そんなうらやましい水族館を指をくわえて横目で見ながら、竹島水族館は「今あるもの」を無理やり工夫して面白いものにする。「あるもの」がほぼないので、なんともおかしなことに「ないもの」を使って面白いものを考える。お金がないから工夫する、つまり苦しまぎれの中から知恵を絞り出すということをやっていました。立派な水槽ではなく、恥ずかしさもあるけれどやらなければ前に進まないのです。

少しずつですが、見えてくるものがあり、それなりの手ごたえを感じていました。

ボクたちは魚が好きで好きでたまらない半魚人です。水族館に勤めるのが夢で、水族館の勉強、水族館に勤めるための勉強、魚の勉強などを必死でしてきた人間です。するとその勉強や、そういった勉強をしている仲間や先輩たちの中に浸かって自分が気づかないうちに「型」ができてしまいます。「水族館とはこうあるべきだ」「水族館とはこういったことをしなければいけない」といった型。そのようなことは教科書に書いてあるし、授業でも習うし、自分でも勉強することです。

それを吸収し、身につけるとそれが「正しいこと」となり、「普通」「当たり前」になるのです。客観的に見ると、それは井の中の蛙なのかもしれません。世界は広く、もっと大きな視野でモノゴトを見るとおかしなことにも気づくのです。

自分にとっては当たり前、当然と思っていることが、それに浸っていない他の人から見たら当然ではないことがかなりあります。当然の感覚（先入観）で毎日仕事をすると間違う恐れがあり、そうならないためには「お客さんの常識、お客さんの当たり前」を考えて仕事をすることが、大切な要素になるのではないかと考えるようになりました。

お客さんの調査

自分の感覚に浸らず、お客さんの感覚、来てくれる人の感覚で仕事をしていく。とはいっても、魚の気持ちはよくわかり、一番好きなメダカとなら世間話もできるくらいの技を習得しつつあったボクには、人の気持ちは逆にわかりにくいものでした。

人は何を求め、何を感じ、何が楽しくて水族館に来るのか。その答えを見つけるために顧客調査というものをやり始めました。あてずっぽうで適当な感覚で展示を作っても、失敗したら大事なお金が水の泡と消え、いい加減なことをしていて失敗ばかりしているうちに水族館自体が廃館になってしまいます。

水族館プロデューサーの中村さんとは頻繁に会い、毎回様々なヒントやアドバイスをもらいました。そのころ中村さんは全国の水族館のリニューアルを担う凄腕水族館プロデューサーとなっており、アドバイスをもらうにはそれなりの相談料を払わなければなりませんでした。しかし、ボクは時間を作っては中村さんに会いに行き、相談料を払うどころか、うな重を食わせてもらったり、ホテルのロビーで高級なコーヒーを飲ませてもらいながら教えを乞いました。

「オレは日本でただ一人の超凄腕水族館プロデューサー様やぞ！　なのになんで毎回オレがメシまでおごってオマエに手取り足取り教えなならんのんや！」

いつも中村さんは怒っています。しかし、いつもすごく親身になって水族館のテクニックを教えてくれます。

お客さんが求めていることを具体化して形にする。それには、現場に出て実際にお客さんを観察するのが一番でした。困った時は現場に出ろ。現場に答えがある。トヨタ自動車を扱った数々の本に書いてありました。

我々飼育員は、普段は水槽の上から水面越しに魚たちを管理しており、館内のお客さんのいる展示側に出るのは、主に魚の状態を見る時でした。それをこれからは率先してお客さんを観察しなければなりません。

見回りの際は館内を必ず二周することにしました。一周目は魚の状態を見て周る、二周目はお客さんを見て回る。中村さんからアドバイスをもらい、自分の作った展示水槽のそばに立って、お客さんが何分水槽を見ているか、その間に何を話しているかを記録し、展示の改善のヒントを探りました。一組のお客さんが入口から出口までどれだけの時間をかけて水族館を見るのか、その間、何を話しているのかなどを調査しました。やってみると飼育員のボクがそばにいると気になるらしく、あまり話をしなかったり足早に逃げたりするので、作業着から普段着に着替えて普通のお客さんにふんしてバレないようにお客さんを観察しました。ビンボウ水族館で壁が薄いので、展示裏の壁に耳を押し付けて、観覧側から聞こえてくるお客さんの声を盗み聞きすることもありました。

必死でした。

お客さんと職員の意識の差

調査を進めていくうちに、いろいろなことがわかってきました。相変わらず「コレ、食ったらうまそう。食えるのかな」という内容の話が圧倒的に多く、これはそれまでやっていた簡単な館内の観察から得られていた情報でした。本腰を入れて調査をしていくうちに「トゲが長いだの短いだの」とかいう魚類学的話は絶対にしていないこと、「自然を守らないといけないね！」と力強く言っている人もいない。だいたいみんな「あの魚かわいいね！」とか「ねぇねぇ、あの魚、なんか親戚のフジサキさんに似てない？」とか、とりとめもないことを話して楽しんでいることがわかりました。思ったより簡単なことを話しており、それは考えてみれば当たり前のことでした。そして複雑な説明看板は読まず、せいぜい見ている魚がなんという名前の魚なのかを知るために、魚名板と呼ばれるそれぞれの展示生物の紹介パネルを見ている程度でした。みんなもっと解説を読んでいると思っていたし、もっと魚を見ていると思っていました。魚について詳しく知ろうしていると思っていました。ぜんぜん違いました。貴重なお休みの日に水族館に来て、さらに入館料を払ってまでわざわざ勉強をしようという人はほとんどいないのです。そういう人はたぶん同じ業界の人だけなのです。

自分たちがやろうとしていること、自分たちがこれでいいと思っていることと、お客さんのこんなふうなのがいいと思っていることとの間に大きな差があり、その差が大きく開いている水族館ほど、お客さんにとっては魅力のない水族館なのではないかと感じました。

新館長・副館長の時代誕生

「お客さんの立場に立って考える」ということを念頭に置いて働くことを意識しました。しかし、自分がお客さんではなくスタッフ側なので、なかなかお客さんの立場に立って考えて何かを思いつくということは難しいのです。寝る前に読む本をトヨタからディズニーランドに関する本に切り替えて研究しました。でも布団の中で本を読むとすぐに気絶睡眠をしてしまい、読んだ内容を全く覚えていません。同じ本を何度も新鮮な気持ちで読むことができるような状態でした。頭に入らないのでノートを用意して、大事なことは書き写してまとめたりしました。すっかり魚に関する本や図鑑を読まなくなっていました。

先行き不透明な情勢の中、平成二十七年（二〇一五年）、ボクは館長になりました。

「館長をやろうと思う」

周りに言うと、

「危ないからやめておきなさい」

「オマエに館長なんて大役は難しい。無理しないでやめておきなさい」

皆そろって言います。しかし一方で、

「おぉ、それはいい！　ぜひやるべきだ！　もともと失敗しているショボイ水族館だ、もうこれ以上失敗はないし、オマエが派手にトドメをさして華々しく散ったらいい！」

嬉しそうに笑って言う人が一名。中村元さんでした。厳しくも温かみのある言葉でした。

「オレが副館長になるから、なんとか二人でやってみようよ。やるしかないって」戸館が言い、新政権が発足したのでした。

不安しかありませんでしたが、しかしそれなりに勉強や調査・観察等を積み重ね、泥臭い方法であれがむしゃらにやってきました。結果、成果は少しずつですが出ており、お客さんの数は確実に増えていきました。

館長になり権限は増え、ある程度やりたいようにやれるようになりましたが、しかし、責任はすべて自分にあると思うと、不安で押しつぶされそうにもなりました。何かやらかして、記者会見場で大量のフラッシュを浴びながら深々と頭を下げるという、ワイドショーでよく目にするような羽目になるのではないかとオビエていました。

とりあえず、飼育員全員にヒマさえあれば「観覧側の展示エリアに出ろ」「展示裏でチマチマ魚ばかり愛でてやがったら許さん」ということを戸舘を通して通知しました。(自分では言わない小心者なので)

どんな時でもお客さん側に出ろ、今いるバックヤードから隣のバックヤードに行く場合でも、裏側の道を通れば近いけど、館内をわざと通って行きなさい。お客さん側に出る時間がないという飼育員には、今やっている仕事を半分の時間でやることを目標にして、それによってできた時間でお客さん側に出ろ、出たらお客さんと話をしてなにか情報やヒントをつかめと徹底させました。(戸舘を通して)

なんと、カピバラは泳ぎが得意なんです

第五章 発想の転換で失敗を活かす

カピバラで集客を狙う

良くなるという手ごたえはなく、小さな手ごたえすら感じている余裕もなく、ただただ思いついたことをどんどんやっていきました。手書きの解説カンバンは水槽横にバンバン貼っていき、お客さんの反応が悪いのはすぐにはがして書き直し、水槽の中の展示は工夫と知恵で日々改善していきました。

よく来てくれるお客さんを大切にしたので、年間パスポートもよく売れました。

「おーし、ここらでさらにお客さんを増やしてやろうじゃないか！」

ボクたちはいるだけでお客さんが来てくれる人気の生き物を展示しようと思いました。動物園も水族館もパンダにゾウ、キリン、イルカ、シャチ、ラッコなどのインパクトのある生き物がいれば、たいした努力をせずともお客さんは来ます。単純かつ浅はかな考えですが。

竹島水族館はアシカのラブが唯一の人気生物。あとは水族館としては異例というか邪道というか、数人のインパクトのある飼育員が人気生物の代わりに館内をウロウロしているだけです。（なので、飼育員の顔を見ましたら適当に声をかけ

てください）

人気生物でお客さんを呼ぶ。しかし、小さな竹島水族館には人気生物を迎え入れる展示スペースはありません。定番人気種のイルカやシャチを飼う場合、ボクの考える理想的な展示水槽だと、竹島水族館ごとそっくりそのまま水槽にしないと実現できません。イルカやシャチだけの水族館になってしまいます。いろいろな生き物が展示されている中でのイルカやシャチであって、イルカやシャチしかいなかったらあまり人気が出ない気がします。

子どもに絶対的に人気なのはライオン、ゾウ、キリンなど。不動のシード選手でパンダ、コアラ。なんと全部動物園の生き物なのだ。却下。

条件を絞ると、それほど場所を取らずに、でも人気があり水族館で展示できる。加えてそれほど資金的に余裕があるわけではないので、お安く迎えられる生き物。

それがカピバラでした。

カピバラという生き物

これまで散々苦しんできたとおり、水槽というのは非常にお金がかかります。水圧に耐えられるようにアクリルガラスを厚くしたり、防水のためにそこらじゅうを厳重に処理しなければなりません。しかし、立派な水槽を作らなければ費用はそれほどかかりません。すなわち水中生物を展示しなければいいのです。

「あのね、水族館であることを忘れていませんか」。忘れていませんが少しだけ忘れます。立派な水槽を作らず、隅のほうに家庭用のお風呂サイズの小さな水槽を作り、空いたスペースは地面にします。それがカピバラの展示方法です。カピバラはアマゾン川周辺にのんびり暮らしている平和主義の生き物で泳ぎが得意です。動物園ではよく展示されており人気の生き物です。しかし、カバのように、水の中に入ると見えなくなってしまう欠点がありました。そこで水を綺麗にする技術と、平面だけでなく立体的に展示ができる水族館の特性を活かせば、泳ぐその姿を横からガラス越しに観察できます。水族館での展示が成り立ちます。泳ぐ水槽は小さいけれどそれなりに考えました。

のんびりと暮らす平和主義者

志願と選考で担当スタッフを決め、カピバラで有名な全国の動物園へ視察に行ってもらいました。ボクもひそかにそこらじゅうの動物園に行き、観察、勉強をしました。

平成二十七年（二〇一五年）の三月、二カ所の施設から日本で繁殖して育ったオスとメスの二匹が竹島水族館にやってきました。

二匹とも元気で仲が良く、眺めているだけでやはりかわいいものでした。何を考えているのかわからないような顔で、差し出されたキャベツやカボチャをゆっくりとした動作で美味そうに食ってはゴロゴロ寝転がっているだけです。それで人気があるというのは、これまで魚を展示して多くの人に見てもらおうと必死だった身からすると、切ないような腹の立つような複雑な気持ちでした。

とにかくこれでお客さんは増えるはずだと確信しました。

カピバラの誤算

展示されたカピバラの様子を少し離れた場所から眺めて、毎日お客さんの反応を確認すると、困ったことにボクのイメージしたものと違っていました。館内の順路を進んできた子どもたちは、カピバラが視界に入ると「カピバラだぁ！」と叫んで真っ先に見に行くのですが、すぐに次の水槽に移ってしまいます。大人も「おぉ、カピバラ……」と小さくつぶやき、その後は無言で数秒見つめてから「ふぅん……」と言って次の水槽に行ってしまいます。

おかしい。爆発的に人気が出るはずだったのに。そのうち、

「なんで水族館なのにカピバラなんかがいるの？」

と言われたり、

「ちょっとケモノ臭いよね」

と言われたりして、あまりいい評判が聞こえてきませんでした。

おかしいなぁ。どうしてだろう。カピバラはカワイイのに……。カピバラ展示の前でボクは困り果てました。

「人気大爆発↓お客さんが増える↓大成功」という頭の中の図式が「人気イマイチ↓お客さんの反応悪い↓失敗」。その場からすぐに立ち去り、どこか遠くへ身を隠したい状況へと変化しつつありました。

ずっと見ていると、子どもなんかは、

「こらぁ！ カバピラぁ！」

と叫んで展示ガラスをバンバン叩いています。

「こら！ ガラスを叩いちゃだめだよ」

と注意します。なんで楽しく見ないのだろう。なぜガラスを叩くのか。簡単に分りました。カピバラは動かないからです。

答えはいつも現場にあり、お客さんが教えてくれます。動く物と書いて動物。動かないものはあまり見てもらえないというのが動物園・水族館の抱えている問題だったのです。カピバラはかわいいのですが、エサの時以外は基本的にゴロゴロだらだらした姿勢を貫いており、まことにうらやましい生き方です。

思えば、ウチもこんなふうになったらいいなぁと思って憧れと尊敬で見ていた旭山動物園、ここは動物の生き生きとした躍動する姿を展示することで人気が出ました。同時に、それを見せるための展示建築費用も結構かかっているはずです。一ケタ少ない費用で、人気生物だけ連れてきてお客さんを呼ぼうとしていた邪悪な我が心を恥じました。

いかん。失敗した。このままでは絶対いかん。改善策を考えなくてはなりません。一方的に連れてきておいて、カピバラには大変申し訳ないですが、このままお客さんに注目を浴びず、毎日ダラダラと無駄にエサばっかかり食べていてもらっては困るのです。しかし、そうさせているのはこちらであって、カピバラに罪はありません。

北海道へ視察旅行

カピバラ展示の予算はすべて使い果たし、いつも通りお金がない状態が続いておりました。壊してもう一度トキメク別の生き物の展示に作りかえることは不可能です。動かないカピバラを動かすにはどうしたらいいのか。

ハムスターのようにでっかい車輪を壁に設置して、そこでガラガラ回転させて走らせたらどうか。寝転がってダラダラしていたら、床に電気が流れるようにしたらどうか、様々な意見が出ました。いずれにしろかわいそうである。何を考えているのだと非難されそうです。

「困ったときは現場へ」ということで、旅行を兼ねて北海道の旭山動物園に行ってみることにしました。初めての訪問です。

実際に行って見てみると、なるほどいい展示で動物たちが楽しそうに生き生きしています。何よりもそれを見るお客さんが楽しそうです。何か手法やアイデアを盗んで帰ろうという邪悪な気持ちがあったので、動物園の方にはアポを取らずまったくのプライベートで行きました。結果的に素晴らしい展示に魅了されてしまい「動物園って水族館とはまた違った楽しさがあるよねぇ。しかし楽しかったね」なんて言って大満足して帰ってきてしまいました。勉強をしに北海道まで行ったのに、ボクはバカなのかもしれない。

しかし、そのあとに訪れた小樽市の「おたる水族館」では面白い貴重な体験をしました。ここには、「自分の水族館をよくしよう！」と思っている同志の友人がおり、会いに行くのが目的でした。そこで友人はペンギンのショーをやっていたのです。ペンギンがよちよち歩いてシーソーをやったり、滑り台をすべったりするのですが、ショーの半分以上はうまくこなせていません。それどころか三十匹くらいいるペンギンは、トレーナー役の友人が近寄ると、「やりたくない！」と言って一斉に逃げてしまいます。

「だれかやってくれる子いませんかぁ？」

と言いつつ友人が逃げ遅れた哀れなペンギンを指名して芸をやってもらうのです。ハードルをジャンプする種目ではジャンプせずに迂回して逃げてしまう。しかし、そんな姿にお客さんは大爆笑。終わった後、「ペンギンってかわいいね」とか「面白いね」とか。それほどのことはやっていないのに「ペンギンさんすごいねぇ」なんて言っている人もいます。印象に残る風景でした。しかし、ここでも友人の案内ででっかいトドにエサをやらせてもらったりして、勉強のことはすっかり忘れて楽しんで帰ってきてしまいました。

それでもペンギンのショーは初めて見たし、旭山動物園のそれとはまた違った顔で、お客さんたちはすごく楽しんでいたのが印象的でした。帰りの飛行機の中で、バカだけどボクはボクなりに考えていました。

ペンギンのショー、面白かった。カピバラもショーができないだろうか。アシカやイルカのような完璧なものでなくてもいい、ペンギンショーのような形ならできるかもしれない。成功すればカピバラの失敗が挽回できる。

逆発想のカピバラショー

水族館へ帰ると相変わらずカピバラはダラダラと床にひっくり返っていまし

た。あまりにもリラックスした体勢でだらしなく転がっているので、死んだのではないかと見間違えてビックリするほどでした。このカピバラさんにショーをやってもらおう。でも、何もやってもらわないでおこう。何もやらないのをショーにしよう。おたる水族館のペンギンショーを参考にカピバラショーの台本を作り始めました。しかし、実際カピバラを担当していた飼育員たちはやや困惑し、

「ショーですよね？」

という。ユーチューブに出ていたおたる水族館のペンギンショーを見てもらい、

「これをやる！ カピバラでやる！ すぐやる！」

と説明しました。

水族館のショーというのはイルカやアシカが主で、華麗なジャンプや輪投げを上手にやったりしてお客さんを楽しませます。水族館によってはお魚ショーもあり、輪くぐりなどもやっています。そのすべてはトレーニングを積み重ねて完成させたものです。動物がうまく種目をこなせないとそれはショーとして失敗です。

ペンギンショーを作ったおたる水族館は、意図的なものなのか、結果的にそ

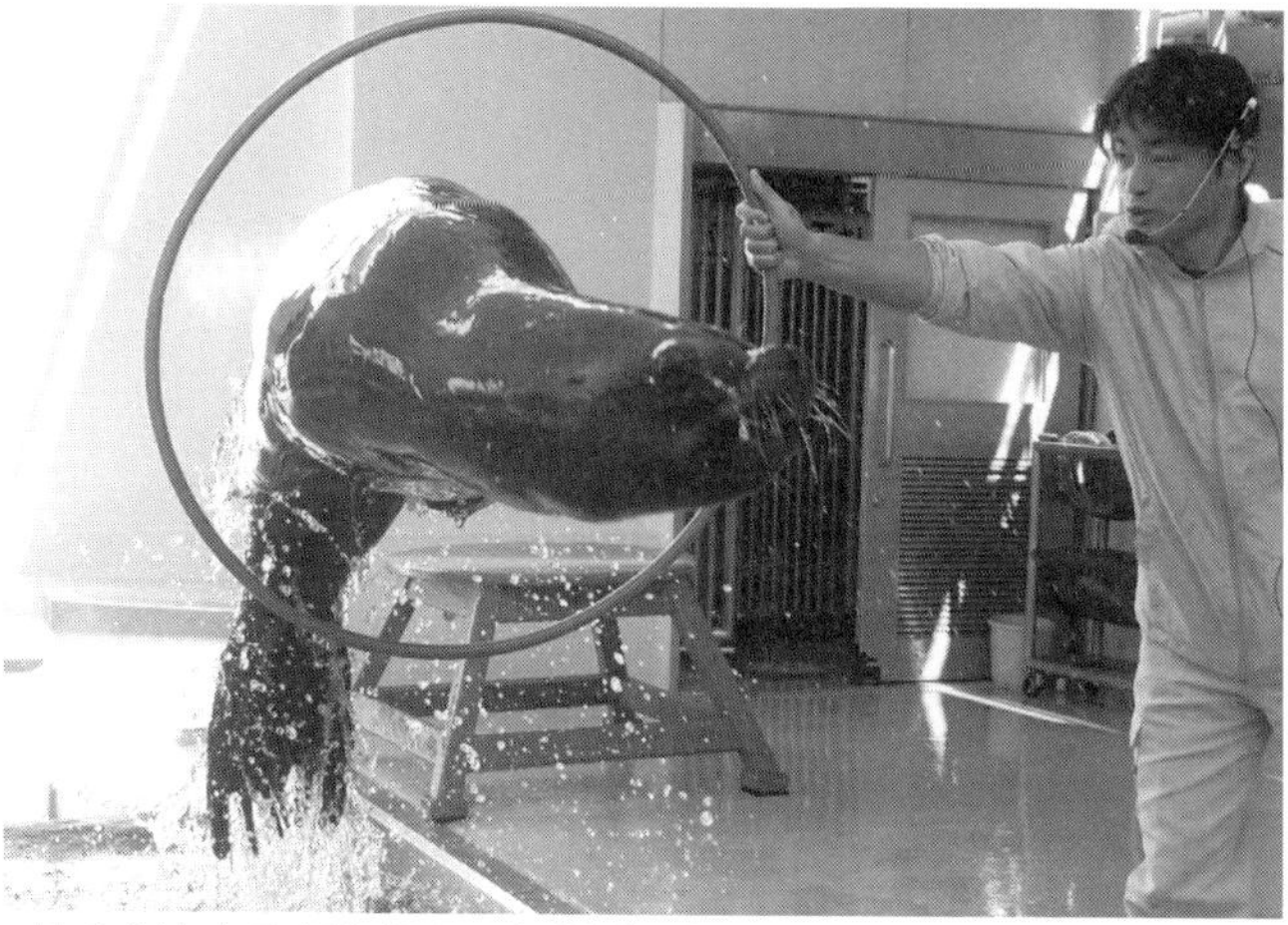
ライバルになるカピバラに、負けじと頑張るアシカ

うなってしまったのかは不明ですが、言うことを聞かないペンギンの姿がショーになっていました。意図的に考えたのだとしたらその飼育員さんは天才ですね。

すべてうまくこなしてお客さんに喜んでもらうのがショー。それが常識でありプロの仕事。しかし、竹島水族館のアシカショーでは時折、アシカが言うことを聞かずプールに逃げたり種目をボイコットすることがあります。トレーナーとしては失格の事態です。仕方がないのでトレーナーが適当に言い訳をして謝る「謝罪ショー」というものがあるのですが、これはこれで、困惑して一生懸命謝るトレーナーを見てお客さんが結構笑ってくれます。「いいものが見れたよ！」なんて声をかけてくれることがありました。アシカがボイコットし謝罪ショーになると、お土産売り場のアシカのぬいぐるみが、なぜかいつもより良く売れるという現象もありました。

ショーを完璧にこなす、トレーニングをしてショーをやる、そのために飼育員たちは日々絶え間ない努力をしています。できなければ落ちこぼれトレーナーとして先輩たちに叱られてしまいます。しかしそれを、立派なショーだけがショーではないという常識の逆、「何もしない」ショーをお客さんに見てもらおう。それをするにはカピバラはぴったりでした。世界初？の「カピバラショー」です。

とはいうものの、本当に何もしないのではお客さんから怒られてしまいます。何もしないのをショーにする、という矛盾には微妙な調整が必要です。これを左右するのはトレーナーの力です。カピバラは何もしないので、頼りになるのはショーを受け持つ担当トレーナーのトーク力が全てなのです。

カピバラ担当者に立ちはだかる難関

カピバラを担当している飼育員はハンサムで、どちらかというと内気、人と話すよりは家で大好きな観賞用の小さなエビを眺めていたいという若者でした。生き物が大好きな優しい子なので、当然カピバラも一生懸命に愛《め》でていました。

カピバラショーは絶対的にトーク力が全てです。最低でも十分は何もしないカピバラを前に愉快なトークでお客さんを楽しませる、そしてカピバラの生態を知ってもらうショーとして成立させなければなりません。正直、普通のアシカショーより難しいのです。

ボクのカピバラショー発言で、飼育員たちは窮地に立たされ、必死で台本を覚えカピバラショーに挑みました。トレーニングした成果をお見せするアシカやイルカのショーとは違う、トレーニングなしで何もしないショーをするのです。毎回汗びっしょりでショーをこなしていきました。暑さからの汗ではなくて、100％混じりっ気のない冷や汗です。

右にいるカピバラを左からエサでつって歩いてもらい、その最中に輪っかをす

世界初？の「何もしない」カピバラショー

かざず差し出して輪の中を無意識にくぐらせる。「はい！ くぐりました！ 見事です！」というのがクライマックスの大技。それ以外は何もしない。カピバラは人にこびない動物だとわかったところでカピバラショーはおしまいになりまーす！ サヨウナラー。

水族館のショーとしてはよくわからない、しかし果てしない努力によってカピバラショーは大成功。毎回多くのお客さんがカピバラショーを楽しみに来館し、テレビでもたくさん取り上げられました。また、ハンサム顔が功をそうした一人の飼育員は女性客から絶大な人気を得ました。「なんでオレこんなことしているのか……」「こんなことするのが水族館の仕事なのか……」「これがショーなのか……」。疑心暗鬼の顔に冷や汗を流していたショー担当の飼育員たちも、しだいに慣れてきて今では結構得意げにショーをこなしています。カピバラもショーをやっていくうちになんと種目を覚えはじめてしまい、お手やまたくぐりといった簡単な種目ができるようになってしまいました。副館長の戸舘に、

「カピバラは種目ができちゃったらダメなんだって！」

と注意されてしまう始末です。

多くの家族づれで賑わう「がまごおり深海魚まつり」

第六章　人とのつながり

中小企業の「合わせ技一本」

転んでもただでは起きない精神、転んで起きるときに拾えるものは何でも拾って起きる気持ちで、潰れかけた水族館を復活させてきました。

ある日、「そんな話がぜひ聞きたい、何か参考にしたい」という企業の勉強会からお誘いがあり、快諾して行くことになりました。こんな話で何かお役にたてれば、何かまた明日から元気に働ける活力になれば、と思い引き受けることにしました。（これはいわゆる「講演」ってやつだな。ふっふっふ。オレもとうとう先生だな。思えばいろいろあったもんな。頑張ったよな。いろいろ話しちゃうぞ。待ってろよぉ）

当日、会場に行く途中、一旦停止違反で警察にあえなく御用、意気揚々とした気分も砕け、悲しさ半分、イラダチ半分のフクザツな気持ちで講演に挑みました。もともと人前で話すのはそれほど得意ではないこともあって、言いたいことの半分も言えずに終わってしまいました。

終わってから、

「ちょっといいですか？」

と歩み寄ってくる参加者の方がいました。小柄な男性で髭が濃くなぜかエプロンをしていました。寄ってくるときの笑顔で、経験上悪いタイプではないということを瞬時に判断し、その後の対応について頭をフル回転させました。

「ちょっといいですか、すごく参考になる話でした！　一緒に何かできませんか？　ぜひ！」

と、その男性は笑顔で言いました。

「ん？」

予想して身構えていたパターンと違ったのでややウロタエてしまいました。

「一緒に何か開発しませんか。やりましょうよ！」

おぉ、そういうことか。状況が少し理解できました。

絶対的に、しかしやんわりと、相手を傷つけずに面倒なことは即座に断ろうという姿勢を貫いて身構えていたため、今ひとつ理解できなかったのですが、その男性は和菓子屋の社長さんで、「何か一緒にできないか」と申し出ているのでした。

一緒にやれること……。

「何かやりたいですね、考えましょう。では、さようなら！」

と、やんわりとその場を乗り切る態勢に入ったのですが、突如、

「できますよ！　やりましょうよ！」

とそばにいたもう一人の男性が加わってきました。まずいパターンです。加わってきた男性は大柄で、しかし接近してきた笑顔は優しそう。パッケージを作る箱会社の社長さんでした。そしてさらに箱会社の社長さんはそばにいたデザイン会社の社長さんと社員を呼び、人数は一気に増えました。

その場は、和菓子会社（和菓子ではなくてもお菓子ならネットワークがある）、箱会社（箱には自信がある）、デザイン会社（パソコンを駆使して面白いデザインは任せてください）、水族館（なんだかよくわからないが、やる気を出せば水族館に関することならできる）が集うという状態になりました。

「何かできそう」から、必要なものがそろい製品開発が「できる」と瞬時に変化し、やんわり断るといった態勢から、「やってみたい」という姿勢に考えが変わりま

した。

後日、あらためて箱会社の箱秀《はこひで》紙器製作所の事務所に全員が集まり、作戦会議が行われました。メンバーは最初に声をかけてきたエプロンの男性である豊橋市内に三店舗を持つ童庵《どうあん》という和菓子屋社長の安藤さん、箱秀紙器製作所社長の富田さん、デザイン会社の三愛企画から船井さんと酒井さん、竹島水族館からボク。お昼から夕方まで話し合いをした結果、深海にすむ「オオグソクムシ」という生き物を使ったお土産用のせんべいを開発することになりました。

オオグソクムシというのは、区切るところを間違えて読んでしまうとかわいそうな生き物です。大きな（オオ）具足＝鎧（グソク）虫（ムシ）という深海に住むダンゴムシの大将のような生き物です。よくお客さんにはオオクソムシ！と言われ飼育員たちが丁寧に突っ込みを入れて訂正しています。本来アナゴを獲る仕掛けにアナゴを押しのけてこのオオグソクムシが大量に入ってしまい、漁師さんたちが困って水族館に持ち込んでくる生き物です。見た目がグロテスクなため、ウツボと同じようにキモチワルイランキングトップクラスの生き物です。足がいっぱい付いており、目はサングラスをかけたような感じで宇宙人的です。

このキモチワル人気生物を粉末にしてせんべいを開発しましょう、ということになりました。童庵さんが苦戦しながらオオグソクムシを粉末にし、せんべいを作る会社を手配、ボクは水族館のなるべく美人そうなオオグソクムシをありとあらゆる角度から写真撮影して、箱秀さんと三愛企画さんにデータを送信しました。

箱秀の富田社長の理念は「箱で売る」というものです。中身よりもまずパッケージのインパクトが大事、つまり四角型の典型的なお土産箱にオオグソクムシのかわいい絵のデザインでは良くない！という考えを軸に、夜な夜な会社にこもり試行錯誤を繰り返しながら、箱自体をオオグソクムシの形に設計し完成させました。あまりにも完成度が高いので、ボクはそこにかわいい絵ではなく、箱に実際のオオグソクムシの写真を載せることを提案、三愛企画の船井さんと酒井さんが、グラフィックを駆使してさまざまな角度のオオグソクムシの写真に顔をヒキツラセながらも作業を進めてリアルな箱を作り出しました。かなりリアルでキモチガワルイお土産です。ボク以外のメンバーは「こりゃアカンだろ」と思ったそうですが、ボクが普通の顔で「コレはいい！」と言うので黙っていたそうです。

　その間に童庵の安藤さんが煎餅会社とコンタクトを取り、オオグソクムシ粉末の添加率が違う数タイプのセンベイをサンプル品として毎日のように水族館に持ち込み、それを我々が食べ比べをして添加率の割合を決めました。オオグソクムシというグロテスクな生き物にもかかわらず、かなり美味しいせんべいができあがってきました。もっとマズイお菓子にして、やっぱり見た目通りマズイ！というものにしたかったのですが、「美味しくしてお客さんに喜んでもらったほうがいい！」というメンバーの意見により、美味しいせんべいにするという方向で進められました。

　袋に入ったせんべいをオオグソクムシ型の箱へ詰める作業は水族館のスタッフが担当しました。これにより人件費を節約し、お客さんがより安く手にできるものにしました。とはいっても、これが売れるという確証はなく、やってみなければわからない状況でした。初回ロットは二百箱。売れずに在庫が残ったらスタッフみんなに謝らなければいけません。「こんなキモチワルイ物売るな！」と怒られないか、結構不安でした。

超グソクムシ煎餅の誕生

平成二十八年（二〇一六年）一月半ば、ついに完成。発売日をゴールデンウィークに定めて販売を開始、その結果、予想以上の人気でゴールデンウィークの三日目で完売となってしまい、大至急、追加生産をすることになりました。メンバーのみなさんと手と手を取り合い喜び、同時に生産体制の強化を図りました。スタッフも飼育作業の合間にライン体制を組み、流れ作業で箱詰めをしていきました。

竹島水族館限定のオリジナルお土産として人気の商品「超グソクムシ煎餅」のデビューです。

大人気となり「神奈川県から行く！　今渋滞で到着が遅くなるから取り置きできないか？」と連絡が来たり、開館前から入り口に並んで、開館と同時にお土産売り場に直行、「良かった、良かった！」と笑顔で帰っていくお客さんもいました。水槽や魚は見ずに帰るという水族館としてはショッキングな出来事でした。しか

超人気商品となった「超グソクムシ煎餅」

し人気があるのはウレシイ。多い日は一日に百箱以上売れました。
「こういった商品は盛り上がった後の引きが早い。波があるうちに次の波を作ったほうがいい」というメンバーの意見で、「チームグソクムシ」を結成、第二弾商品として名物のウツボ水槽にちなんで作った「超ウツボサブレ」、第三弾でカピバラ型の箱のお尻からチョコが出てくる「カピバラの落し物」を開発リリースしました。「ウツボサブレ」は箱が大きすぎるという欠点がありました。我々は紙袋からはみ出したフランスパンを持ち歩くパリジェンヌをイメージしたのですが、フランスパンとパリに対してウツボと蒲郡（弱小水族館）という差が激しすぎたのか、やや失敗しましたが、「カピバラの落し物」は大ヒットの人気商品となりました。

その後二〇一九年の一月に、メダカ型の箱から卵の図柄のアメが出てくる「メダカの産卵」、他の地元の企業ともコラボを開始して十一月にはタカアシガニを使用したせんべい「タカシガニせんべい」を発売、年末には深海魚のメヒカリの魚しょうを使用したカレー「メヒカリー」を発売しました。

水族館だけでは到底できなかったおみやげの開発が、それぞれの会社の持ち味を結集させて出来上がりました。それぞれの会社も、自社だけでは開発できなかったものが、協力することによって良い結果を生み出すことができました。

「無理だよね、できそうもないよね」といって結構簡単にいろいろなことをあきらめ、無かったことにしてしまいがちですが、良いメンバーが集まりみんなで持ち味を出し合って協力すれば、小さくて力がなくても面白いことが実現できるということを体験しました。それに、水族館以外の普段かかわることのない業種の方々と交流し、いろいろな意見を出し合って一つのものを作るのはとても楽しい時間でした。

知らないことをたくさん吸収することができました。

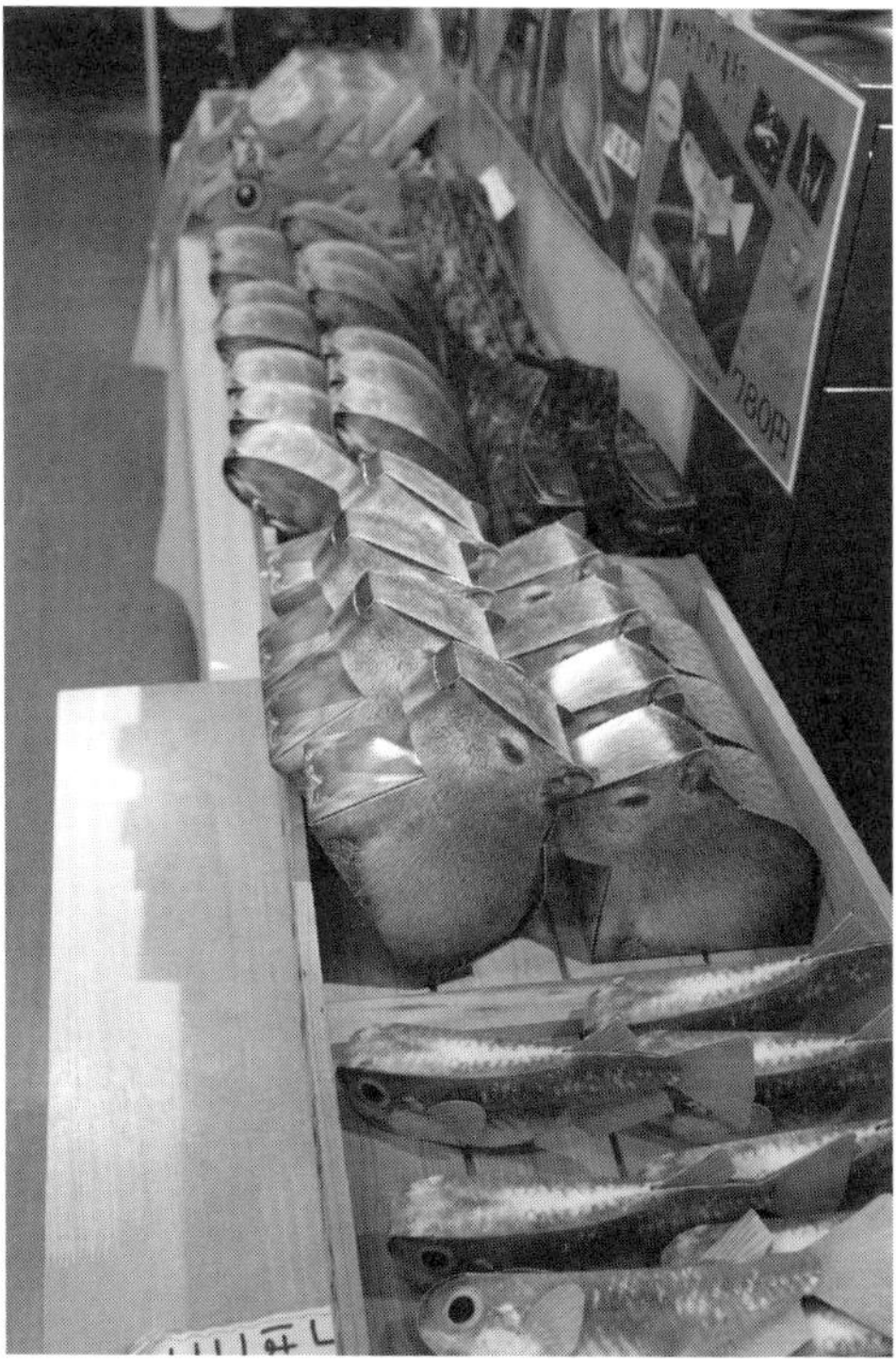
「めだかの産卵」「カピバラの落し物」「ウツボサブレ」など

一大イベント「がまごおり深海魚まつり」をやるぞ！

「絶好の運動会日和にしましたぜ！」と空が自信満々に言っている下で、ボクは最高の気分でした。

「大切な人たちと、大切なまちのために一緒になって一つのことが実現できる。その行いに対してこんなにたくさんの人が来てくれる。最高の気分です」と素直な思いを宣言し、「がまごおり深海魚まつり」がスタートしました。

二〇一八年（平成三十年）十一月二日のことです。

この日からちょうど一年ほど前、ボクは東京で開催された「魚河岸祭り」に参加していました。行きましょうよ！というか、手伝ってくださいよ！と誘ってくれたのは黒田さん。深海魚のメヒカリを扱う「まんてん」という会社の社長さんです。この日、黒田さんはメヒカリのから揚げや深海魚の天ぷらをひっさげ魚河岸祭りに出展していました。マユゲのキリリとした面持ちに面白いことがあると高らかに笑うその顔から「オレ、悪いこと嫌い！面白いこと好き！メヒカリ大好き！」という感じが全面的に伝わってくる社長さんです。

魚河岸祭りは、全国の魚介類自慢の街からたくさんのイチオシ魚介料理をテント出店する大きなイベントです。食通が全国から集まり、朝から晩まで途切れることのない人であふれます。

「こんなことがわが蒲郡でもできたらいいですねぇ、やりたいですねぇ！」

「やりますか！」

「できますかねぇ」

「やりましょうよ！」

と黒田社長との簡単な会話から、みんなが楽しめるならやるべきだ、と言うたいした根拠のない理論のもとで開催を決意しました。ボクたちの街であればこの街の名物の深海魚でやろう、深海魚の魅力をもっと広めよう！ということで「がまごおり深海魚祭り実行委員会」を立ち上げました。言い出しっぺのボクが実行委員長になり、深海魚の魅力を広めよう！知らしめよう！と活動されている人たちにも声をかけ、黒田社長に絶大なバックアップをしていただく形で動き始めました。

熱い人たちによる実行員会

たちまち「いいね、いいね、やろうよ」と言いながら多くの人が賛同して、第一回企画会議が開催されました。場所は三谷水産高校の校長室。校長先生をはじめ熱い人たちの熱気で部屋は息苦しさを覚えるほどでした。

地元海産物店「ヤマスイ」の山本さんはムードメーカーで効果的なイベント案を企画。活動的な居酒屋「笹や」の笹野さんは水産高校出身で、怖い顔に反し性格は優しく出店関係の調整をすべて引き受けてくれました。面倒な仕事がすべて降りかかる観光協会からは目つきの鋭い鹿野さんや市役所の農林水産課の皆さん。実施費用の面では地元銀行の地域振興部が走り回ってくれました。「海鮮市場」の近藤さんは女性目線で、老若男女が楽しめるようにイベントを調整、地元メディアが注目してくれました。そして「オレらがやらなきゃそりゃいかんだろう！」と漁協の牧原さんがドカ〜ン！と立ち上がり、深海底引き船の「寿丸」の漁師さんたちも参戦。

開催までみんなコーフンしていました。ただ単に気持ちが高ぶるのではなく、

がまごおり深海魚まつり実行委員のメンバーたち

この場合は気持ちが高ぶる中での、やる気と緊張、そして少しの不安。しかし、それをみんなで乗り越えようとする団結が激しくまじりあったコーフンでした。水産高校からはボランティアの学生が三十人。そして、たくさんの地元企業がイベントに協賛してくださいました。

こういうのはイキオイが大事です。もちろん冷静で客観的意見も大事ですが、今回は、黒田さんも一緒になって熱意を持った熱い人たちを集めることに注意を払いました。

オールスター揃いで、これだけ集ま

ればもうオレなにもやらんでもいいのではないかと思うほどでした。名人だらけゆえに様々な意見が出て、実行委員長のボクが一番若いということもあり、なかなかの無統制ぶりでした。意見がまとまるのが大幅に遅れ計十五回の企画会議を行い、それでも開催一週間前になって「雨が降ったらどうするんだ、屋根無いけど」「そう言われるとそうですねぇ」などと、誰でも気付くことにアタフタしながらなんとか強引に開催にこぎつけました。

初めてのイベント、不安だらけです、問題点が噴出するのではないか、お客さんが来なかったら……責任を取ってお決まりの坊主にしようか、まずもって雨が降ったらどうするか。

しかし開催した二日間は天気も大きく崩れず、予想を上回るお客さんで出展ブースは売り切れが続出。大きな問題もなく大成功しました。

大事なのは人の笑顔

水族館前に張ったロープに勢いよくはためく大漁旗の下、漁師さんたちが自ら獲ってきたばかりの深海魚を激安で売り、漁協の牧原さんが恐るべき絶妙なトークで盛り上げる。各出店ブースにもたくさんのお客さんが列を作っていました。「深海煮魚食べかたコンテスト」や「深海魚メヒカリサイダー試飲食レポ大会」等のステージイベントも成功。お忍び（スパイ）で来ていた深海魚を扱う水族館業者や、付き合いのある他の水族館の飼育員さんまで発見次第ステージに上げ（つるしあげて）紹介し何かしら話をして場を盛り上げてもらいました。

みんな楽しそうな顔をしているのが感動的でした。ボクが担当した「館長の深海トークライブ」の時、ステージから会場を見ると、本部テントでは校長先生と山本さんが何

青空の下で開催されたがまごおり深海魚まつり全景

か話をして楽しそうに笑っています。向かいの出店ブースでは黒田さんと笹野さんが満面の笑みで座っています。その横では、深海グッズや料理を買い求めるお客さんが、出店者とちょっとした話をして笑っています。ベンチに座って深海料理を食べている親子や孫と一緒に来たおじいちゃんおばあちゃん。みんな笑顔、笑顔、笑顔。どこを見ても笑顔です。ボクのトークライブを聞いている人は多くないことにも気がつきましたが、しかしみんな笑顔なのは最高にウレシイことです。

自分が人のためにやったことで自分以外の人が楽しめて幸せになり、それにより自分も幸せになれるということは最高です。

人のためは、人のおかげ

ほんの数年前までは、閉館寸前の水族館で自分の給料を稼ぐこと、水族館をなんとか回復させることだけしか頭になく、周りのことを考える余裕がありませんでしたが、水族館が良くなったことで、今度はその良くなったことを上手く使って、みんなが幸せになれることを考えられるようになりました。

誰も言ってくれないので自分で言いますけど、たいしたもんです。いろいろな過程でいろいろなことを考えて実施できるようになった今の自分、一日一日を送る中でバカはバカなりに成長できている証拠なのだとも思います。

もちろん、自分一人でやってきたわけではありません。情熱のある人との関わりや様々な縁のおかげです。教えてもらったり怒られたり一緒に楽しんだりしていく中で、多くの人に成長させていただきました。人の力、人の縁、人とのつながりはすごく大事だし楽しいものです。イイ人とつながれるのは幸せなことです。もともと人見知りということもあり、性格的に合わない人は避け、好きな人、楽しい人とだけ関わるようにしてきました。子どもなのかもしれません。もう少し成長すれば人とのかかわり方も違ってくるかもしれません。

このような外部との繋がり以外に、もう一つ大きな繋がりがあります。飼育員です。

ボクがある程度好き勝手なことをできるのは、「またあの人、よくわからんことしとるなぁ」と思いながらも、温かく見守ってくれている飼育管理や運営維持をしてくれている飼育員のおかげです。

飼育員も主役

竹島水族館は現在、比較的若い飼育員で構成されており、この年齢構成がメリットになったりデメリットになったりします。メリットとしては、既成の概念にとらわれない自由な発想や行動力が武器となり多くのことを成功させてきたことです。小さな水族館では大きな力になります。逆に若さが故に知識不足に陥いり、短絡的に物事を見てしまったり、その場の感情だけで動いてしまったりするところがあります。これにより多くの失敗もしてきました。

この業界でなによりも重要なことは経験です。もちろん知識に裏付けされた経験があれば理想です。魚の微妙な動きやエサの食べ方、糞の状態、あるいは水槽の汚れなどから様々なことを推測するのは経験が大きな役目を果たします。これを補うのは行動力や知識欲、そして先輩からの指導や助言になります。同時に、指導や助言を謙虚に受け止める姿勢です。これが難しい。

子どものころから勉強より生き物（主に魚）が好きで、人と関わるより魚ばかり見て育った人たちです。人とうまく付き合う能力に少し欠けているところがあります。飼育員同士で意見が合わなかったり、私の指導がうまくいかなかったりした時などは、想像以上の亀裂が生じます。このような時、亀裂に対峙するのではなく魚を愛でる方向に逃避しがちです。魚とは会話ができ、魚は私の気持ちをわかってくれるんだという悪い逃げ道があるのです。魚もメイワクでしょうね。

一生懸命頑張って成長していくスタッフもいれば、「何でもやります！ぜったいです！どんなことがあってもヘコタレません！ここで働くことが夢です」と言って燃える心で入社してきた子が、ちょっとしたことで心が折れて直ぐにいなくなることもあります。飼ったことはありませんが、ジンベエザメやマグロを飼う方がはるかに楽なのではないかと考えてしまいます。水族館の中で、一番難しく手こずる生き物は飼育員なのです。

そのような時は、飼育員として成長させられなかった己の指導力に絶望し、竹島の海に沈む夕日をただ呆然と眺め立ち尽くすだけです。それでも、辛かった頃の竹島水族館を思い「もう、戻りたくない！」と決意を新たにするのです。

各自が自分で考え行動し責任を持つことが重要だと私は考えています。そして風通しのいい自由で家族的な経営です。しかし馴れ合いはありません。

例えば「お小遣い制」というのがあります。

与えられた年間予算を各自の判断で自由に使えるという制度です。一匹にその全てを費やしてもいいし、イベントごとに予算を割り振ることも可能です。その分重い責任を背負うことになります。

複数の水槽を一人で担当する「単独制多担当持ち」に移行したことも方針の一つです。他の多くの水族館ではリスク軽減のため、一つの水槽を複数の飼育員で担当するシステムが主流です。リスク軽減以外にベテランから様々な情報を後輩に伝えられるメリットがあります。しかし、それ以上のデメリットがあるとボクは考えます。責任感の持ちようです。何かあっても先輩が責任を持つ安心感から若い子たちに気の緩みが生じます。

しかし、少人数の水族館ではこの気の緩みが魚の生死に関わってきます。したがって責任をもつことにより真剣に飼育にあたる必要が出てきます。わからないことは様々な資料にあたるなり先輩に聞くことである程度解決できます。その為には気軽に聞ける環境が大事になってきます。前述したように自由で家族的経営がより大事というのはこのことです。

魚が好きという根本的なものは一緒でも細かいところではそれぞれ違います。今いる飼育員は少数精鋭の独特の個性を持ったスタッフばかりです。異なる意見があれば徹底的に話し合えばいいのです。嫌な空気はそれぞれが使命感と責任感を持つことにより克服できます。そしてより良いものを目指していけばいいのです。

「何もない」を武器に、
「弱点」を武器に、

それには優秀な、意欲や熱意のある「折れない」「逃げない」飼育員がいて初めて武器になります。

竹島水族館は、深海魚やアシカ、カピバラ以外に飼育員が水槽の魚と同じように主役です。

45 万人達成を見込んで紅白のまんじゅうを配る

第七章 輝くための七つのヒント

平成三十一年（二〇一九年）三月三十一日、年度末の今日、開館と同時に先着四百五十名のお客さんに紅白まんじゅうを配りました。四十五万人の達成を見込んで四百五十個のまんじゅうを用意しましたが、結果は予想より二万人増の四十七万人。過去最高の年間入館者数を記録しました。

来館者数十二万人のどん底から、「十六万人以下は全員坊主」の公約を達成した時も、水族館の屋根からみんなで餅やお菓子を撒きました。記録を達成するごとに、お客さんへの感謝をこめて参加型の記念行事を開催してきました。

今日は開館前から入り口に長い行列ができ、あっという間に四百五十個の紅白まんじゅうは配り終えました。

あと片づけをしながら副館長の戸舘と二人で、

「それにしても、他のスタッフは何で玄関にお客さんを迎えに来ないんだろう」

と少し深刻な話をしました。

今日の企画は前から決まっており、前日の終礼の時も、当日の朝礼の時も全員に周知しました。でも段取りなど詳細な指示はあえてしませんでした。お客さん

開館前からできる長い行列

への感謝のイベントなので、スタッフ全員が理解し、朝の特別な作業がない限り全員で入口に集まってくるものだと思っていました。しかし、入口にはボクと戸舘の二人だけでした。せめて記録を残さねばと、大急ぎで記録撮影用のスタッフを一人呼んで来ました。他のスタッフたちはというと、いつも通り魚にエサをやり、水温を測るなど通常の作業を淡々とこなしていました。この日休みだったスタッフは有給休暇の消化、その理由は「最近五連勤だったからお休みをください」というものでした。

「なにもこの日でなくても……」という思いはありました。

な経営なのでしょう。

会社の経営は人間の体と同じで、少しずつおかしくなっていき、病を発症したころには大きな手術や治療をしなければ治らなかったり、もしくは手遅れだったりすることがあります。そうならないためにも、普段から気を付けて気を緩めないようにしなければなりません。

最後の章では、これまでの「ガムシャラ突き進み型活動」を振り返って「輝くための条件」みたいなことを七つにまとめてご紹介したいと思います。

大変恐縮ですが先に謝っておきます。

「エラそうでゴメンナサイ」

その一　熱意がすべてを支える

「熱意がすべて」と言ったものの、すでにボクにはこれを詳しく記す熱意がなくなってきました。

「なんかちょっと、書くのに飽きてきたんだよね」

事務所の椅子に座り長靴を履いた足を投げ出して、ぼんやり天井を眺めています。

私を眺めてくるスタッフに、「ねぇねぇ、熱意って何?」と聞いてみましたが、「うーん、熱意ですか、何でしょうねぇ……」と言うだけ。

目の前に廃館の危機がせまる頃、「とにかく何とかしないと」と思ってアタフタしていた私には、今思うと熱意があったのかもしれません。いや過去形になっていますが今も熱意はあります。

何かをしようとする時、それを必ず成し遂げようと強く思い行動するのが熱意だと思います。そして、そこで何があってもあきらめない精神が大事です。「もう無理だ」とあきらめるのか、「いやいやまだやれる、もっと頑張らないと」と思って努力するのか。そのあきらめない気持ちを支える一つの大きな要素が熱意だと思います。

一流のアスリートや功をなした企業のトップが言う「あきらめたら終わりなんだ!」という言葉。映画や小説などでもよく遭遇する言葉です。それだけ大切であるということです。逆に言えば、それだけあきらめてしまう人が多いのだと思います。

一言で困難と言っても、レベルやグレード、環境もそれぞれのケースで違うため「そんなこと言ったってこの状況じゃ誰だってムリだよ」と思うことがあるかと思いますが、そんな時こそあきらめずに困難に挑み、乗り越えてこそ、そこに明るい未来がひろがるのではないでしょうか。

「そりゃアンタは、廃館の危機を乗り越えられたからそういうことが言えるのであって、あたしゃぁアンタと違うし、状況が難しいんだわ」

そう言われる方もたくさんいると思います。しかしあきらめずに頑張れば可能性は広がります。あきらめたら前に進まなくなり何も生まれません。それどころか、もしかしたら後退してしまうこともあるというのが、ボク自身が最近理解したことです。

実はボクはかなり弱い人間で、昔からいろいろなことを簡単にあきらめ、投げ出すことの多い性格でした。「誰かがやってくれるさ」と甘え、失敗をしても「ゴメンナサイ、今度はしっかりやります」とその場をしのぎ、「もうしんどい、疲れたしこんなこと必死になっても意味ないし」と簡単にあきらめ、他の楽しいことに逃げて、結局それも途中で投げ出してしまうことがよくありました。

しかし、ボクは小さな頃から水族館で働くことしか考えていなかったので、水族館をあきらめたらもう他に何も残らない状況でした。これで投げ出したら自分の存在意味がありません。

たとえ、いろいろなことをやって無理だったとしても、「まぁ手は尽くし、頑張ったな」と思うだけでもあきらめるのとは大きく違います。自分の中で変化や成長があると思います。やるだけのことをやってそれで無理だったとしても、認め助けてくれる人が現れるかもしれません。まさに、「人事を尽くして天命を待つ」、この心境です。

人からどう見られようと、泥臭い方法であれ、できることをあきらめずにやることは大事だと思います。やるか、やらないか、どれだけの熱意をもってやれるか。これはすごく大事な分かれ道になると思います。

その二　反骨精神が力の源

「まぁそうだろうね、アンタの言ってることは大筋正しいよ。アンタ偉いよ。だから水族館は良くなったんだろうねぇ」と、フテ腐れ度四十パーセントの態度で「ケッ！」とか「チッ！」とか言う方もいるのではないかと思います。わかります。ボクがその立場だったら同じことを思います。ボクも昔は、有名で大きくて立派な水族館が羨ましくて、若干、いや、正直言いますとかなり腹が立ちました。しかしそんなムカツキ、「ケッ！」と思う感情を力に変えるのが反骨精神です。

「今に見ておれ！　おのれ！　くそぅ！」

と思ってメラメラ燃えて力にするのです。

金なし、知名度なし、人気生物なし、加えて地方の夢も希望も未来もないような弱小水族館に就職してしまったボクは、かなりの反骨精神で不良飼育員となり毎日がトゲトゲとしていました。

水族館業界は横のつながりが結構あり、年に何回か全国的な会議が開かれます。竹島水族館に勤めてすぐのころ、

「新人だから知り合いやお友達を作っておいで」

と先輩に言われ、ボクは期待を胸に会議に出席しました。そこで初めて作った名刺を渡して仲良くなろうとしたのですが、その中の一人に、

「竹島水族館……？　へぇーどこにあるんですか？」

と言われたのでした。自分の勤める水族館の存在を同じ業界の人が知らないということがショックでした。まぁ笑ってそこは穏便に過ごし、話を先に進めるのですが、ボクとの話を打ち切るように、

「へぇー。まぁ気が向いたら近くに行ったときにでもおじゃまさせてもらいますね」

絶対来ない確信がありました。なぜなら、「つまらない水族館」という態度がありありで、数少ない会話も常に上から目線でした。あまりの悔しさに感情を抑えるのに苦労しました。もらった名刺を見ると有名な水族館の文字。その後はもう自分から誰にも名刺を渡すことはありませんでした。隅の方で存在を消し、会議が一秒でも早く終わることを祈っていました。

思えば、やはり弱い人間でした。

立派な水族館が弱小水族館よりスゴイのは事実です。立派な水族館へ見学に行った翌日、自館に出社して館内をざっと見たときの敗北感は言葉にできません。同時に「おのれ、何とかしてやる！」という気持ちも自分の中にあることに気が付きます。「今に見ておれ！　見返してやる！　のし上がってやる！」という気持ちです。それがすべての原動力でした。

人をねたみ、「くそっ！」との思いで動くのは、純粋に「がんばろう！　輝く未来のために！」という気持ちで動くのと比べると邪悪で清潔感がありません。しかしそんなことなどかまっていられませんでした。

今でこそ竹島水族館は順調で、会議に出てもわりと有名な水族館の方が向こうから来て名刺を渡してくれます。「フッフッフ、見たか、やればできるんだ。さんざん昔バカにしやがって」となかなか気持ちがいいものです。（嫌な男なのだボクは）。しかしそれが経験できるのは逆境から立ち上がった者だけなのです。いい環境にいる者は、汚れた心から生まれる屈折した歓喜を味わうことができないのです。自分がダメな時は良い人が羨ましいのですが、そこで「オノレ！」という思いで、気持ちを燃やし原動力にできるのは落ちぶれた者の特権であり、反骨心が大きな力になるのだと確信しています。

その三　目標を具体的に持つ

最低の入館者数から這い上がろうとしたとき、ボクたちは具体的な数を目標に掲げました。十六万人です。十六万人の入館者がなかった場合、全員で坊主にしようと決めました。これは効果があり、団結して行動した結果、入館者数は二十万人に達しました。具体的な数値で目標を掲げると、自分のみならず他の人にもわかりやすく前へ進みやすくなります。数字を上手く使うのは一つのポイントだと思います。

ほかに、自分よりもいい人や良い施設、優れた会社を目標にするのも大事だと思います。ちょっとヒネクレた感情になってしまいますが、「アイツを追い抜いて最後に笑ってやろう」とか「アイツに迫って脅かせてやろう」という思い、あるいは「あの人のようになれたらいいな」という少し柔らかい感情でもいいかと思います。こういうのをベンチマークと言うそうです。優良な同業他社と比較することで経営状況を改善するのです。

ボクは今でも大きな水族館をベンチマークとして定めて、良い水族館を目指しています。人が聞いたら笑われてしまうくらいレベルの違う素晴らしい水族館です。その水族館は我が竹島水族館とは規模も財力も方針も違います。同じようなことをやって追いつこう、追い抜こうとは思っていません。方法は違っても、同じくらい素晴らしい水族館になって、多くの人が楽しい気持ちになれるようにしようと考えています。

その四　創意工夫はカネより強い

崖っぷちの状況で「なにかをやろう、どうにかしよう」と行動する時に、あったらいいなと思うものが資金です。しかし多くの場合、資金が十分にあるわけではありません。あきらめてしまう一つの大きな理由です。

逆に、お金があったら大きな落とし穴もあります。特にボクのような弱い人間がお金を持つとロクなことがありません。すぐ失敗すると思います。なぜかというと、お金で解決し、楽な道を選び、工夫をしなくなるからです。

充分な資金がない、というのは実はうまくいくヒントをつかむ最高の場面なのです。そこで悩み、頭をフル回転させると、ふとした時に発想の神が降りてきて、成功のカギをつかめることが多くあります。お金がない人は、悩み苦しみ考えるしかないからです。

ボクたちが深海魚に触れるタッチングプールを作った時、思い通りの要望で最高のものを考えて見積もりを取ると、三億円かかると言われました。用意してもらった予算は二千五百万円です。三億円から二千五百万円にする作業が創意工夫でした。いらないものはそぎ落とし、安いものに変換できるものはどんどん変えていきました。収容生物を地元の漁師さんの協力による深海生物にしたのも、お金がないからこその結果でした。これが三億円以上のお金があって、何の苦労もなくできていたら、人気のない普通のタッチングプールになっていたと考えられます。

常に「何かもっとうまくいく方法はないか」「もっと簡単にできないか」「もっとお金をかけずにできないか」などを意識して、「より良くするためにはどうしたらいいか」を考えるといろいろなヒントが浮かんできて、やれることはたくさんあるのです。

その五　基準はお客さんのため

「誰のために何をやるのか」、この命題は働く上で非常に重要な要素です。その昔、ボクたち飼育員は、「誰のために何をやるのか」ということに関心が薄く、「大好きな魚に囲まれて仕事ができる喜び」という意味合いの方がより大きかったように思います。

「誰のために」というのは、あきらかに「利用してくれる人のため」です。またそうでなければいけません。そしてこの「人のために」というテーマの下で、では自分は何をするべきかを追求すべきです。

なんだか宗教じみてきましたが、とにかく「好きな魚に囲まれて給料がもらえる」という考えから「お客さんや周りの人が楽しんでくれるために働く」という考えに方向転換しました。そこを出発点として、では何ができるだろうかと真剣になって考えだしてから、竹島水族館は一気に動き出しました。

今までのように魚ばかり見ているのではなく、しっかりとお客さんを見なければいけません。そのため、毎日館内に出てお客さんの様子をうかがい、コミュニケーションをとることが大事になります。

仕事をするスタンスは人それぞれです。夢が叶って好きな仕事についている人、そうでない人、なんだかわからないけどとにかく働いている人、様々なタイプが存在すると思います。でも、好きなことをやっている人は、それに入りこみすぎて軸がずれてしまうことがあります。逆に好きなことがやれていない人は、己の不幸を嘆いてばかりかもしれません。そんなときには、外に幸せを求めるのも必要かと思います。「人の幸せのために」とか「人の笑顔を見たくて」とかでしょうか。自分が何かすることによって人が喜んでくれるのは嬉しいものです。

「何のために働くのか」。その問いに「給料をもらって生活するため」と答えられたら「そうですね」と言うしかありません。それでも、給料は人のために一生懸命頑張ったご褒美くらいに思って、それ自体を目標にしないほうがいいと思います。小心者のボクなんかは、あまりにもお金に執着しすぎると、その汚れた心にドキドキ、オロオロしてしまいます。そして落とし穴にはまり、最終的に失敗してしまうのです。

何かに迷った時や、自分がどうあるべきか、どう働けばいいのかわからない時などは実際にお客さんたちが行き交う場所、すなわち現場に出てお客さんと話したり、お客さんの様子を観察したりすると答えが見つかることがよくあります。

その六　人との出会いが武器になる

自分自身を客観的に見て「幸せだなぁ」と思えることとは、多くの人と出会い、様々な場面で助けてもらえていることです。魚の飼育者は、向き合う相手が水槽の中の魚のため、どちらかというと暗い部屋で水槽ばかりを見ている生活になりがちです。社交的でないボクですが、それでも魚を通して多くの人と出会い、同じ好みの多くの人と楽しみを共有してきました。それを仕事に活かすことができています。

小学校の高学年から海外の熱帯魚を飼い始めて、わからないことは近所のおじさんが手取り足取り教えてくれました。熱帯魚屋へ行くと常連客たちが歓迎してくれ、時には自宅に招かれることもありました。多くの場合、そういうところにいるおじさんたちは、家庭内で邪魔者扱いをされたり、存在しない人と思われていることが多く、行き場が無くて熱帯魚屋に集まってくるのです。お互いの存在を暗黙のうちに理解し、同志、仲間という意識が芽生え、尊敬することにより結束が強くなっていることが多くあります。彼らはボクがまだ子供ということもあり可愛がってくれました。そういった場所でいろいろなものを見たり学習したり、人付き合いを学んだりしました。その空間はとても楽しいものでした。

水族館で働くようになると、さまざまな反抗的態度のせいで、職場にやや居場所がなくなるようなこともありました。そのような時にも熱帯魚店のお兄さんが

人生の師と仰ぐ中村元氏（写真左）

ボクの気持ちを察し、魚の知識はもちろん、人生の様々な経験を伝授してくれました。それによって社内の先輩たちに太刀打ちすることができました。

また、ボクの水族館人生を大きく変えてくれたのは水族館プロデューサーの中村元さんです。「水族館はお客さんのためにある、自分が飼って楽しむ場所じゃない」。この当たり前のことに気付いていなかったボクを、当たり前の道へ導いてくれた人です。中村さんと出会わなければ、今頃ボクは、なんのとりえもない平凡な飼育員だったと思います。状況次第では、竹島水族館はとっくに閉館されていたかもしれません。

また、中村さんを通して全国の様々な水族館で働く同年代の熱き思いを持ったスタッフとつながり、年に何回か楽しい交流ができているのもありがたいことです。

中村さんは、

「大事な人に出会えるのは縁や運命だけれども、そういった縁や運も自分の実力なんだ」

とよく言います。

何かに困った時や、どうしようもない時に助けてくれるのはまわりの人です。そういった人がいないと、押し迫ってくる不安に押しつぶされて、逃げたりあきらめたりしてしまうことが多くなってしまいます。いろいろな人との出会いを大切にネットワークを広げられたらきっとそれが力になります。そのためには、人の悪口を言ったり、人をけなしたりせずに、楽しい人と楽しく付き合って、相手に自分を好きになってもらうことが大事だと思います。

その七　逃げ道を作る

何もかも思い通りに、嫌なことがなく毎日楽しく暮らせて、毎日楽しく仕事ができれば言うことはありません。ボクの人生、どうもそういうことが少なくて、あったとしても長く続かなかったような気がします。振り返れば、直面する課題だらけでした。そういう星の下に生まれたのでしょうか、そういう定めなのかもしれません。そんな時は逃げ出したくなるし、うまくいっている人が羨ましかったりします。世の中には、たいした努力もせずにいい思いをすることができる人と、一生懸命頑張ってもたいした幸せをつかめない人の二通りがいるのではないかと思ってしまいます。

大人になると、その壁というか不安が大きく複雑化して、逃げ出したくなる時が多くあります。「それが大人なのだよ」「それを乗り越えて大きくなるんだよ」ということかもしれません。そんなに強くないボクは、毎回壁を乗り越えても「どんなもんじゃい」と言ってられないほど苦しい時があります。むしろ成し遂げた達成感より、苦しみが心に沈殿している時の方が多いような気がします。いま思えば、そのような時は、正面から向き合って心をすり減らすばかりでなく、ちょっと逃げるのも戦法かなと思います。

ボクの場合、逃げ道はやっぱり魚、それも「メダカ」です。かなりのメダカオタクです。嫌なことがあるとメダカを愛でてます。その時間は、嫌なことを忘れ心が安らかになります。「愛知メダカ愛好会」という謎の組織にも属していて、この方たちとの交流が楽しくて最高のリフレッシュになります。年に数回開催される展示交流会や会合では終始笑いが絶えず、休日にはお宅訪問してメダカの交換会をしたりしています。会員の中でもボクは若く在籍年数も短いので、普段と違って、メダカ愛好会の中では水族館館長として扱われないのでそれもまた嬉しいものです。

リフレッシュできる仲間や趣味があるのは大事なことです。そこでの交流や何気ない会話から、難局を打破するヒントが得られたり、思わぬところに解決策が見つかったりします。

生きていく上でもっとも大事なことは、明日への希望と元気です。

仕事と関係がない人びととの素直な交流が、明日の仕事を「よし、また頑張るぞ！」
という気持ちにさせてくれます。

今後の夢、あとがきに代えて

「凧、凧、あがれ、天まであがれ、という凧の歌があるが、本当に天まであがった凧があるか。何事もなく天まであがる凧は見たことがない。凧は風がなくなれば必ず落ちてくる。落ちてきたときの備えが大事なんだ」

これはトヨタ自動車でその昔、トヨタ生産方式を作った大野耐一氏の言葉だそうです。これは「会社やヒトの人生も同じだぞ」ということです。こういう上手な例えを使い、心にストンと落ちるありがたい言葉を言える人になりたいものですが、ボクごときでは「がんばれ！　とにかくやれ！　がんばれ！」くらいの薄っぺらいことしか言えないのが悲しい現実です。

平成三十一年度の竹島水族館の入館者数は過去最高の四十七万人を突破しました。どん底の十二万人から三倍以上の増加です。がむしゃらに考え、泥臭い方法で、できることはなんでもやるとの思いで、強引であれむりやり結果を出して突き進んできました。しかしこれからは、今までとは違った努力が必要になります。

凧をいかに落とさず高く上げることができるのか、その凧をいかに起こし続けることができるのか。休んではいられません。

水族館に来ることで、レストランのようにお腹がいっぱいになるわけではありません。ショッピングモールのように気に入った服が手に入るわけでもありません。エステのように美人になれるわけでもありません。しかし、毎日多くの方が水族館に足を運んでくれます。「それはなぜか」、この問いを考えるところに、これからの活動に必要なヒントが隠されているような気がします。

「水族館に来ればみんなが笑顔になれる」

漠然としていますが今のボクの夢です。そのために様々な工夫をし、アイデアを出さなければなりません。同時に、悪いところを直して良くしていかなければなりません。

大変なことです。

水族館に就職することを夢見ていた時、「どうせ勤めるなら大きな水族館で人気生物の担当をしたい。華やかな水族館ライフを送りたい」と思っていましたが、しかし入社したのは市民からお化け屋敷と呼ばれる地方の弱小水族館でした。毎日出社するのが嫌で辞めたくなる日々でした。

しかし、その中でもがき苦しみ、いろいろな人に出会い助けていただきました。結果論かもしれませんが、今思えば、ないないづくしの竹島水族館に入社して本当に良かったと思います。今いる場所がどん底であれば道は一つ、這い上がるだけです。どんなことでもできる状態なのです。なにをしようが失敗はしません。なぜならすでに今の状態が失敗だからです。ですから成功している人たちよりもやれることがいっぱいあるのです。プラス思考に考えることは大事です。

光明のない七転八倒の世界、その中でもがき苦しみのたうち回っていると、突然光が射してくることがあります。

恵まれた人と自分をくらべて簡単にあきらめてはダメです。

努力して最後に勝つのはダメな人の方です！

末筆ながら、「おまえアホやなあ」と嬉しそうに笑いながら、水族館運営のテクニックを手取り足取り教えてくれた尊敬する師匠・中村元氏、こんなボクに我慢強くついてきてくれる竹島水族館の職員、校正、ゲラチェックを手伝ってくれた奥さん、社長自ら担当してくれお世話になった風媒社の山口章氏、そして、竹島水族館を応援し来館してくれるすべての人に心から感謝いたします。

二〇二〇年一月

竹島水族館館長　小林龍二

［著者略歴］

小林 龍二（こばやし・りゅうじ）

1981 年（昭和 56 年）蒲郡市生まれ。地元の蒲郡高校卒業。

北里大学水産学部（現海洋生命科学部）を卒業し、Uターン就職して竹島水族館に勤める。様々な改革を繰り返して入館者増を図り、2015 年より館長に就任。閉館の話が浮上した過去最低の約 12 万人から約 47 万人に年間入館数を回復させた。

人間環境大学客員教授、専門学校ルネサンス・ペット・アカデミー講師。「愛知メダカ愛好会」会員でもある。

著書『竹島水族館の本』（共著・風媒社）、『かわいい海の生き物』（監修・エヌディーエヌコーポレーション）、『へんなおさかな竹島水族館の魚歴書』（あさ出版）。

ジンベエザメより深海魚よりマグロよりメダカが好き。

◎カバーイラスト／佐藤 正明

驚愕《きょうがく》！竹島水族館ドタバタ復活記

2020 年 7 月 7 日　第 1 刷発行　（定価はカバーに表示してあります）
2020 年 9 月 1 日　第 2 刷発行

竹島水族館館長
著　者　小林　龍二
発行者　山口　章

発行所　名古屋市中区大須 1 丁目 16 番 29 号
電話 052-218-7808　FAX052-218-7709
http://www.fubaisha.com/
風媒社《ふうばいしゃ》

乱丁・落丁本はお取り替えいたします。　＊印刷・製本／名鉄局印刷
ISBN978-4-8331-1559-9

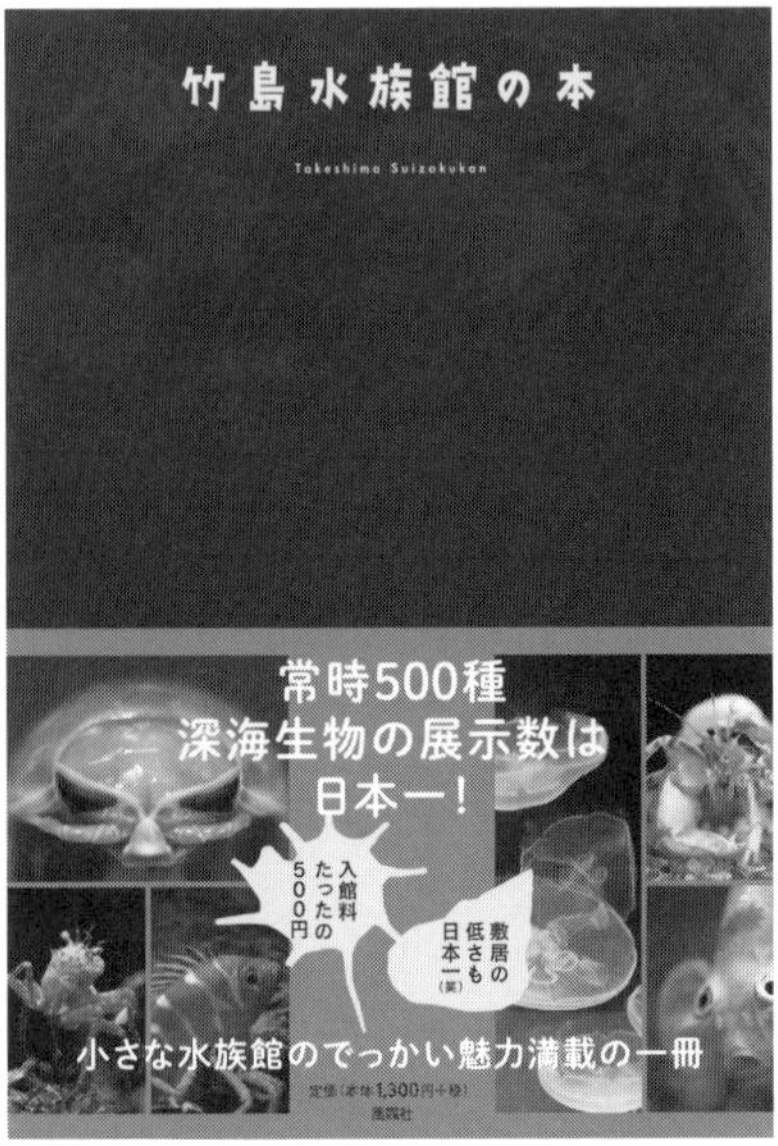

『竹島水族館の本』

蒲郡市竹島水族館＝著

年間40万人以上が訪れる愛知県蒲郡市の小さな水族館のガイドブック。入館料500円という安さ、深海生物と直に触れ合えるタッチプール、専門知識がなしで楽しく読める手書きの生き物解説、迫力満点のアシカショーなど……常に楽しさにこだわる館の魅力を1冊に。

定価1，300円（税別）
A5判並製134頁